建筑工程管理与质量检测技术

张洪利　张　飞　李安京　主编

汕頭大學出版社

图书在版编目（CIP）数据

建筑工程管理与质量检测技术 / 张洪利，张飞，李安京主编. -- 汕头 : 汕头大学出版社，2023.8
ISBN 978-7-5658-5127-8

Ⅰ. ①建… Ⅱ. ①张… ②张… ③李… Ⅲ. ①建筑工程一施工管理②建筑工程一工程质量一质量检验 Ⅳ. ① TU71

中国国家版本馆 CIP 数据核字（2023）第 167209 号

建筑工程管理与质量检测技术

JIANZHU GONGCHENG GUANLI YU ZHILIANG JIANCE JISHU

主　　编：张洪利　张　飞　李安京
责任编辑：邹　峰
责任技编：黄东生
封面设计：姜乐瑶
出版发行：汕头大学出版社
　　　　　广东省汕头市大学路 243 号汕头大学校园内　邮政编码：515063
电　　话：0754-82904613
印　　刷：廊坊市海涛印刷有限公司
开　　本：710mm × 1000mm　1/16
印　　张：11
字　　数：190 千字
版　　次：2023 年 8 月第 1 版
印　　次：2024 年 1 月第 1 次印刷
定　　价：46.00 元
ISBN 978-7-5658-5127-8

前言

随着经济的发展和生活水平的提高，人们对建筑工程项目提出个性化要求，在这种情况下，对工程施工管理显得格外重要。面对错综复杂的施工，如何高质量、短工期、高效益以及安全地完成工程项目，就成为建筑施工企业关注的焦点。对于建筑施工企业来说，只有加强质量管理，狠抓安全管理，同时做好进度管理、成本核算等工作以及借助信息技术等，对工程施工进行管理，才能实现自身的持续发展。

建筑是人们工作生活的场所，直接关系着国计民生，建筑工程的质量与安全是人们关注的焦点，只有全面做好施工管理，才能确保建筑物安全，符合建筑质量整体要求。建筑工程的管理工作内容广泛，涉及建设的准备、施工、验收等不同方面，通过良好科学的管理，达到掌握进度、控制成本、保证质量、维护安全的目标。建筑管理工作受建筑周期的影响，建筑管理一直存在于建设的全过程，只有不断提高管理能力与水平，才能确保露天高空作业安全，使各道工序按期推进。

国内外工程实践充分证明，工程质量监督人员依靠传统的“敲、打、看、摸”等落后的检查方法已不能准确地对工程实体质量作出客观的评价，实行建设工程质量检测是确保工程质量的强有力措施。建设工程质量检测是指依据国家有关法律、法规、工程建设强制性标准和设计文件，对建设工程的材料、构配件、设备以及工程实体质量、使用功能等进行测试以确定其质量特性的活动。随着工程建设任务的迅速发展，建筑市场的兴旺，特别是建筑施工队伍的不断壮大，一些施工企业素质低下，技术力量薄弱，对建筑施工的规范和质量标准缺乏了解，质量控制能力较差，施工单位对见证取样送检不是很重视，导致检测单位检测结果不能正确反映工程实体质量，从而使工程上的不合格材料和实体质量问题得不到发现，给工程结果留下了安全隐患。因此，建设工程必须加强施工过程质量检测的管理工作，建立见证取样送检制度。

本书首先介绍了建筑工程管理的基本知识，然后详细阐述了建筑工程质量检测技术，以适应建筑工程管理与质量检测技术的发展现状和趋势。

本书突出了基本概念与基本原理，在写作时尝试多方面知识的融会贯通，注重知识层次递进，同时注重理论与实践的结合，希望可以为广大读者提供借鉴或帮助。

在写作本书的过程中，参考了不少建筑业同行的相关资料，在此一并表示衷心的感谢。由于时间较紧，加之作者水平所限，书中难免存在不足之处，恳请广大读者批评指正。

目录

第一章 建筑工程项目管理概论

第一节 建筑工程项目管理现状

一、当前我国建筑工程管理中存在的问题

（一）施工管理工作落后

建筑工业属于劳动密集型产业，需要的劳动人员也较多，往往其自身的专业技能及应变能力会直接影响工程项目的施工。建筑工程施工人员与监理人员管理的不规范也是隐患，导致施工单位和工程监理单位在分工方面存在不合理之处，使得工作人员职责混乱且权责划分不清晰，甚至施工单位投标文件承诺不能落实到实际操作中。另外，设备数量及机械化程度也会对工程项目的建设质量与效率造成直接影响，现场的机械化程度不高、机械老化、运行不佳，没有创新技术作为支撑，容易致使生产效率低下。许多施工企业为了追求最大利润而偷工减料，管理人员缺乏创新精神也导致施工过程的管理处于较低水平。

（二）安全责任意识相对薄弱

一方面，许多建筑工程的施工方或承包方对于管理人员的安排和分工根本不重视，没有综合考虑到管理工作人员岗前培训的积极作用，直观表现为其管理人员素质偏低，难与相关规定要求相吻合，自身的管理职责也难以履行，随之而来的是建筑工程危险系数升高。另一方面，当今的建筑施工企业并没有制定科学合理的人员管理制度，存在人员管理机制不成熟、各部门间的配合不协调等情况，

而且制定工期方面表现出不够注重工程的总体规划，遇到工程项目是新结构形式的，也只凭主观臆断来制定措施，导致措施不得当。

（三）法规条例落后，管理机制有待完善

首先，建筑工程项目没有与相关法律法规和条例要求相吻合，实际执行的管理方法、管理模式与管理思想很难实现与时俱进，专业性和科学性严重缺失，对工程管理的约束性较差，未能形成良好的管理机制；其次，当前的建筑企业采购方式是大批量的集中采购，建设单位和供应商没有建立起长期稳定的合作关系，采购方式也较僵硬，缺乏灵活性，对零星材料的频繁采购也会增加工程采购成本；最后，企业内部未足够重视工程控制，经常在结束任务后才检查，没有统计分析及量化计算，更未充分重视事前和事中控制。

二、结合现状对于我国的建筑工程管理展开优化

（一）重视建筑工程的综合性目标

在工程建设过程中，对于工程的综合性目标需要给予关注，在综合性目标的指引下，建筑工程的管理将会突破局限性，形成立体的发展模式。具体来说，在建筑过程中，建筑管理人员需要秉持明确的建设目标，对于工程的功能以及建成之后的效果进行关注。在综合目标的制定上，需要根据工程的不同阶段对于目标的内容进行调整，结合工程建筑的不同方面，完善建筑的整体。其中，对于工程建设的周期，需要按照平均的标准结合具体的建设条件进行关注，以防出现仅为追求经济效益，进行提前施工、赶工的状况。这会使得工程的建设质量难以得到保障，使得工程在使用的阶段中，需要投入更多的成本对工程进行后期的完善。在材料的控制以及技术的选择上，需要根据工程的经济能力进行最优化的选择，将工程质量的提升作为管理的重点。建筑工程管理的压力比较大，涉及的内容和要素相对而言也比较多，对于人员数量的要求同样也比较大，如此就需要在了解这一需求的基础上，有效安排较为充足的管理人员。

（二）提升管理的规范程度

工程管理的规范需要从管理条例制定以及具体的管理行为两个方面进行关

注。在工程建设中，管理条例制定需要根据国家的相关标准，结合行业中的共同准则进行，为了确保工程建设的各个方面协调发展，需要对国家管理准则的研究、行业共同标准的学习以及工程建设中特殊的情况与内容进行关注。在管理的框架制定上，需要根据以上三种因素进行思考，将其中的各个方面因素进行综合以及协调。在管理工作的实施过程中，需要注意工作的力度，对于各个方面的工作也需要给予不同关注点。例如，在材料以及采购的管理上，需要经常进行市场信息的交换，对于材料的应用以及应用中存在的问题多方面关注，及时从管理的层面对于材料的应用展开关注。此外，在人员的约束过程中，需要关注管理人员自身行为的规范性，根据管理的原则以及管理工作中的具体情况，及时对心态、行为等进行积极的 调整。

（三）积极地进行管理以及宣传的工作

在管理宣传的过程中，管理人员需要结合施工人员以及其他各方面人员的具体情况进行宣传。施工人员的文化素养较为有限，因此在施工开始之前，工程的管理人员就需要对施工人员的安全意识、敬业意识等方面涉及管理的因素进行关注。在管理的具体过程中，管理人员与施工人员之间需要进行密切的相互沟通，可以采取阶段式开展管理宣传课程的方式，对人员的意识提升进行关注。值得管理人员进行注意的是，管理宣传的课程并非仅仅应用于宣传管理理念以及管理的规则，在宣传的课程中，还需要关注各个方面人员的协调等，应用管理的课程使得各个方面人员之间能够达成沟通与交流。因此，宣传课程也有一定交流平台的作用，管理人员可以在其中进行意见的收集，根据不同的意见对工作进行调整。

（四）提升管理人员的素质

管理人员素质的提升可以采取两种具体的方式：其一，在管理的过程中将目前管理人员的综合素质进行提升，针对具有不同背景的人员，需要使用不同的措施，通过针对性的训练、知识的培养等提升其能力；其二，在整体上促进人员结构的调整，目前高校中工程建筑管理相关专业每年有大量的毕业人员，工程单位需要结合人员的个人素质以及综合的知识能力，进行择优录用。由于这部分出身于科班的管理人员具有完整的知识结构以及知识的系统，在人员的应用中需要进行多方面的应用，管理的具体细节工作、管理的相关宣传工作，都需要这部分人员的参与，在此过程中，根据人员的工作成果以及工作的能力进行及时的提拔。在建筑工程管理工作落实中，为了更好地提升管理价值，从管理人员入手进行完善优化也是比较重要的一环，需要综合提升管理人员的素质和能力，确保其具备较强的胜任能力，有效提升建筑工程施工管理水平，避免产生自身失误。在建筑工程管理人员培训工作中，需要首先加强对于职业道德的教育，确保其明确自身管理工作的必要性和重要价值，如此也就能够更好地实现对于建筑工程管理工作的高效认真落实，避免履行不彻底现象。从建筑工程管理技能层面进行培训指导也是比较重要的一点，其需要确保相应施工管理人员能够熟练掌握最新管理技能，创新管理理念，在降低自身管理压力的同时，将建筑工程管理任务落实到位。

综上，建筑工程管理是建筑施工企业健康发展的基础，只有切实做好建筑工程管理工作，才能保证建筑工程效益的可持续增长。然而，目前建筑工程管理现状不容乐观，因此需要相关人员引起高度重视，并从法律体系的完善、进度管理等方面入手，做好建筑工程管理工作，促进建筑企业的进一步发展。

第二节　影响建筑工程项目管理的因素

一、工程项目管理的特点

对于建筑项目而言，建筑工程项目管理在整个建筑项目中起着举足轻重的作用。建设工程项目管理应坚持安全质量第一的原则，以合同管理作为规范化管理的手段，以成本管理作为管理的起点，以经济以及社会利益作为管理的最终目标，进而全方位地提升建筑项目的施工水平。建筑工程项目管理是建筑企业进行全方位管理的重中之重。完善建筑工程项目管理工作，能够保障建筑工程项目更加顺利地进行，使企业的经济效益得到最大化的保障，实现企业效益的增长。

（一）权力与责任分工明确

在进行建筑工程项目管理时，管理任务主要分为权力与责任两部分。将建筑工程项目整体中各个阶段的责任与义务，通过规范化合同来进行分配，明确项目各个阶段的责任与义务，还需要在具体的工程项目施工过程中对其进行严格的监督与管理。为了能够更好地达到项目管理的目标，在进行相关的建筑工程项目管理工作时，还需要明确相关管理工作人员的权力与责任，使其对于自己的权力与责任分配有一个清晰的了解，能够更好地开展项目管理工作。

（二）信息的全面性

建筑工程项目管理涉及建筑工程的全过程，所以在进行项目管理时涉及的管理内容复杂而且繁多。因此，必须从全方位的角度去了解整个施工过程，防止信息的遗失和缺漏。

（三）明确质量以及功能标准

在进行建筑工程项目管理时，需要对建筑工程的质量以及功能标准具有明确的规定，使得建筑工程项目在规定的标准以及范围内及时地完成。

二、工程项目管理的影响因素

（一）工程造价因素

建筑工程的造价管理是建筑工程项目管理中的重要环节。建筑工程的成本管理与控制对整个建筑工程的直接收益具有重要影响。如今，有些施工企业对施工过程时所需要采购的原材料以及其他资源没有进行合理的造价控制，使得整个建筑工程的成本投入以及成本的利用效率大大降低，还会出现资金的利用超出成本范围的情况。这些情况对于建筑工程企业的整体经济效益的影响是巨大的。且目前市场上某些造价管理人员综合技术水平不高，也就不能有效地掌控整个项目的综合成本。

（二）工程进度控制因素

为保证建筑工程项目及时完工，建筑工程进度控制非常重要。但并不是所有的建筑施工企业对工程进度的控制都非常重视，在某些企业当中，对于工程进度的控制缺乏科学的管理，使得整个工程项目的正常进度都受到影响，不能够按时完工。建筑工程施工的过程中，需要建筑企业的多个部门进行协同合作，如果各部门之间不能合理及科学地交流以及合作，那么就会对整个施工过程的有序性产生一定的影响。另外，一定要强化对施工过程的监管力度，否则项目可能不能按时完成。

（三）工程质量因素

建设施工过程中，某些施工企业为了能节省施工成本，满足自身的利益，未对过程中所需要用到的工程材料进行严格的审核，采用一些质量不达标的材料。这些不合格的建筑工程材料对于建筑工程的质量产生危害，使得许多建筑工程项目出现返工。除此之外，若对项目中出现的纰漏以及谋取私利的现象监管不力，工程质量管理工作就达不到应有的效果。

（四）工程安全管理因素

建设工程中，安全管理有时没有得到足够的重视。许多建筑施工企业的安全管理理念不够充足，工程施工人员的安全意识不强，因而导致项目中出现很多安全隐患，对于建筑工程施工项目管理产生了重要影响。

三、提高工程项目管理水平的措施

（一）加强工程成本控制

为确保成本管理工作能够正常以及高效地进行，项目管理方需制定严格的规章制度，然后结合具体的施工情况以及企业的情况来对规章制度进行有效的监督以及管理。通过对施工费用与预算的对比过程来逐渐地提高对施工成本的利用效率，将建筑施工场地打造成节约环保以及高效的施工场地，增加建筑企业的经济效益。同时，挑选经验丰富的造价管理人员对项目进行造价管理，做好造价管理人员和施工人员的对接工作，实现项目的成本可控。

（二）加强工程进度管理

在具体项目中，项目经理需要根据项目的进展情况进行详细的计划，制定项目进度计划表，压缩可以压缩的工期，并考虑合理的预留时间。这样，如果面临突发问题，可以降低项目不能按时完成的风险。同时，保证施工工作人员的自身素质以及工作水平，使之适应社会的发展。另外，在项目进行过程中，业主需要根据合同约定按时支付进度款，以保证施工工作人员的积极性，使项目按时按量地完成。

（三）加强工程质量以及安全管理

建筑工程质量是建筑工程项目的重要考察目标之一，确保建筑工程的建筑质量，对于建筑企业的品牌效应以及企业未来的发展具有重要的作用。所以，我们要在建筑施工过程当中通过对建筑工程施工过程的管理以及建筑施工材料等的管理与控制来达到对建筑工程质量的控制。除此之外，可以通过开展每周一次的安全督查讲座，促进建筑施工过程中的安全管理，使建筑施工能够达到无风险施工。加强建筑工程的质量以及建筑工程安全管理对于建筑工程项目的管理都具有重要作用，能够提高建筑工程项目管理的效率以及提高建筑企业的口碑。

（四）实行项目管理责任制度

在进行建筑工程项目管理时，因为建筑工程项目所涉及的细小的项目工程非常多，所以在进行管理工作时，一定要加强项目管理责任制和项目成本监管的落实力度，确保其能够在项目管理的过程中起到实际的作用。对于复杂且时间紧迫的工程项目，可采用强矩阵式的项目管理组织结构，由项目经理一人负责项目的管理工作，企业各职能部门作为后台技术支撑，充分高效地利用人力资源。依据不同的项目特征，采取不同的项目管理组织结构。

（五）加强管理人员监督机制

需加强项目管理工作人员的监管力度，并建立起完善的奖惩机制，使项目各部门工作人员能够按照项目管理的规章制度完成各项工作。

（六）加强工程项目的信息管理

通过一些信息管理软件对整个项目流程进行可视化管理。建立信息共享平台，可以通过信息共享平台进行招投标管理、合同管理、成本控制、设计管理等。根据项目的规模，可选择是否选用BIM对整个项目进行建模，常规的二维设计图纸可以清晰反映项目的平面建设情况，但若对整个建设项目进行BIM建模，通过碰撞检查对项目进行纵向沟通，能够确保设计和安装的精准性，减少不必要的返工。

综上所述，项目管理人员可以从质量、进度、成本、安全、信息全面把控整个建筑工程的项目进程。建筑企业可以制作一套详细的可操作性强的指导手册，以便查阅和自检。随着建筑市场的不断发展，建筑企业之间的竞争压力越来越大，所以，为了能够在激烈的建筑市场当中取得一席之地，建筑企业需要对自身的各项工作进行仔细的分析以及探索。增强建筑项目的项目管理对于建筑企业来说是一项非常重要的工作，能够使其在激烈的竞争环境当中保持自身的竞争优势，使企业能够快速稳步发展。

第三节　建筑工程项目管理质量控制

一、建筑工程项目管理质量控制的工作体系

通过查阅相关资料并结合实际情况可知，建筑工程项目管理质量控制的理论体系主要包含三个方面的内容。第一，事前准备，即建筑工程项目施工准备阶段的质量管控。该部分主要由技术准备（如工程项目的设计理念与图纸准备、专业的施工技术准备等）和物质准备（如原材料及其他配件质量把关等）两个层面的质量控制要素。这种事前的、专业的质量控制，能够很好地保证建筑工程项目施工所需技术及物资的及时到位，为后续现场施工作业的顺利进行奠定基础。第二，事中控制，即施工作业阶段的质量控制。施工阶段，需要技术工人先进行技

术交底，然后根据工程施工质量的要求对施工作业对象进行实时的测量、计量，以从数据上进行工程质量的控制。此外，还需要相关人员对施工的工序进行科学严格的监督与控制。通过建筑工程项目施工期间各项工作的落实，不仅有利于更好地保障工程项目的质量，同时也有利于施工进度的正常推进。第三，事后检查，即采用实测法、目测法和实验法，对已完工工程项目进行质量检查，并对工程项目的相关技术文件、工程报告、现场质检记录表进行严格的查阅与核实，一切确认无误后，该项目才能够成功验收。通过上述内容不难发现，建筑工程项目管理质量控制贯穿于整个工程项目管理的始终，质量控制的内容多且细致，且环环相扣，缺一不可。

二、建筑工程项目管理质量控制的常见问题

（一）市场大环境问题

当前，建筑工程行业基层施工作业人员能力素养水平参差不齐是影响建筑工程项目管理质量控制出现问题的一个重要原因。基层施工作业群体数目庞大且分散，因此，本身就存在管理难的问题。加之缺少与专业质量控制人员面对面、一对一的有效沟通机会，且培训成本大，施工人员不愿担负培训费用，因此，无法很好地通过组织学习来帮助其提升自身。这种市场大环境中存在的现实问题，是质量控制人员根本无法凭借一己之力去改变的。

（二）单位协同性问题

质量控制工作有时是需要几个不同的部门通过分工协作来完成的。在建筑工程行业，许多项目都是外包制的，而外包单位的部分具体施工作业环节，质量控制人员无法很好地参与进去，因此质量控制工作存在着一定难度。且一旦其他协作部门中间工作未能良好衔接或某个部门履职不到位，便会出现工程质量问题。

（三）责任人意识不强

随着我国教育条件的不断完善，国民的受教育水平也不断提高，这为建筑工程项目管理质量控制领域提供了许多专业的高素质人才。所以从总体上来看，大多数质量控制人员无论在专业能力上还是在责任意识上都是比较强的。尽管如

此，个别人员责任意识弱、不能严守岗位职责的不良现象仍然存在，导致建筑工程项目存在质量隐患。

三、建筑工程项目管理质量控制的策略分析

（一）借助市场环境优势，鼓励施工人员提升自我

市场大环境给建筑工程项目管理质量控制的不利影响在短时间内是无法完全规避的，因此，我们要借助市场本身优势，尽可能地扬长避短。优胜劣汰是市场运行的自然法则，要想拿到高水平的薪资，就必须有相应水平的实力，且市场中竞争者众多，若止步不前，终将被市场所淘汰。基于此，建筑工程项目管理质量控制部门可以适度提高对施工队伍及个人专业素养的要求，设置相应的门槛，但也要匹配以相应的薪资，从而鼓励施工人员为适应工程要求而进行自主的学习与技能提升。这样，不但可以解决施工人员培训问题，也可以为建筑工程项目质量控制提供便利。

（二）明确划分责任范围，推进质量控制责任落实

在多部门共同负责建筑工程项目管理质量控制工作的情况下，可以尝试从以下几点着手。首先，各部门至少要派一人参与关于建筑工程项目质量标准的研讨会议，明确项目质量控制的总体目标及其他要求。其次，要对各部门的质量控制职责范围进行明确的划分，并形成书面文件，为相关质量控制工作的展开与后续可能出现的责任问题的解决提供统一的参照依据。最后，可以根据建筑工程项目管理质量控制体系，将每个环节的质量控制责任落实到具体负责人，通过明确划分责任范围来促使质量控制责任的落实。

（三）优化奖励惩处机制，加强质量控制人员管理

建筑工程项目管理质量控制是一项复杂、艰辛的工作，因此，对于质量控制中付出多、贡献多的人员要给予相应的奖励与支持，以表达对质量控制人员工作的认可，使其能够更好地坚守职责，鼓励其将质量控制的成功经验传授下去，为质量控制效果的进一步提升做好铺垫。对于质量控制中个别工作态度较差、责任意识薄弱的人员，要及时指出其不足，并给予纠正和相应的惩处，以端正建筑工

程项目管理质量控制的工作风气，为工程质量创建良好的环境。现阶段，虽然我国已经形成了比较完整的建筑工程项目管理质量控制体系，但由于受到建筑工程管理项目要素内容多样、作业工序复杂、涉及人员广泛等现实条件的影响，该体系的落实往往存在一定的难度，使得建筑工程项目管理质量控制存在着许多的问题，这给整个建筑工程项目的顺利高效进行造成了阻碍。

第四节　建筑工程项目管理的创新机制

一、更新管理观念，转换管控制度

建筑施工企业从建筑工程项目的开始筹备到实地施工需要根据自身的企业发展战略和企业内外条件制定相应的工程项目施工组织规范，需要进行项目工程的动态化管理，并且要根据现行的企业生产标准进行项目管理机制的优化、创新，从而实现工程项目的合同目标的完成，企业工程效益的提升与社会效益的最大化体现。本节简要分析建筑工程项目管理创新机制，阐述项目管理的创新原则和方案，以供建筑业同仁参考交流。

建筑工程施工现场是施工企业的进行生产作业的主战场，对项目管理进行优化、创新不仅可以确保建筑工程项目如期或加快完成，还可以提高施工企业管理人员的管理水平，提高施工企业的经济效益，更可以提升施工企业的企业形象。传统的工程项目管理机制已经不能满足业主方的施工要求，管理人员冗余、施工机械设备资源配置过剩或不足、生产工人素质和专业水平较低现象十分明显。针对这种情况，作为施工企业的相关管理人员，必须对工程项目管理提出更加严苛的要求，加快项目管理的优化创新工作，从而对施工管理体制进行深化改革。

传统的建筑工程项目管理制度一般是“各做各的活，各负各的责”。施工企业工程项目部分为预算科、管理科、技术科、资料科、实验科，几大科室对于项目管理各尽所能，只管好自己的一方土地，不操心项目管理的整体布局，这样管理的结果就是管控人员的资源浪费、管理效果极低、管理场面十分混乱。针对这种情况，应及时更新管理观念，转换项目管控制度，设立建筑工程市场合同部、工程技术部、施工管理部，让三个部门整体管辖整个施工过程，分工明确也需要工作配合，从而达到项目管理的现场施工进步、技术、质量、安全、资源配置、成本控制的全面协调可控发展。彻底改变以往的“管干不管算、管算不管干”的项目管理旧局面，提高施工企业的经济效益和施工水平。

二、实行项目管理责任个人承担

整体的建筑工程分项、单项工程较多，在项目管理方面施工管理难度较大。施工企业项目管理人员通常存在几个人管理一个项目、一个人管理几个工程单项项目的现象，等到工程出现质量问题或者施工操作问题时，责任划分不明确，没有人主动站出来承担这个项目的问题责任。造成这种现象的原因是管理制度的缺失，所以，积极推行项目管理责任个人承担制度，对项目管理实施明确的责任划分，逐渐完善工程项目施工企业内部市场机制、用人机制、责任机制、督导机制、服务机制，通过项目经理的全面把控，确保工程项目管理工作的有效开展。

三、建立健全“竞、激、约、监”四大管理机制

工程项目管理部门在外部人员看来是一个整体，在内部也需要制定一套完善的竞争、激励、约束和监督制度，进行内部人员的有效管理，打造一支一流的项目工程管理队伍。完成管理队伍建设的目标，首先，要建立内部竞争机制，实行竞争上岗，通过“公平、公正、公开”的竞争原则不断引入优秀的管理人才，完善和提高管理水平；第二，要建立人员约束制度，“没有规矩不成方圆”，有了约束制度才能让内部人员实现高效率工作，同时还要明确项目工程管理的奖惩制度，促使相关人员严格按照技术标准和规范规程开展项目管理工作；第三，需要建立监督机制，约束只是制度方面，监督才是反映管理水平的真正方式。强有力的监督机制对于人员工作效率和机械使用效率有着质的提高，并且监督工作的开展可以确保人员施工符合施工要求，确保工程项目的安全、顺利、如期完成。

四、加强工程项目成本和质量管理力度

建筑工程项目管理的核心工作是工程成本管理，这是施工企业经济效益的保

障所在。所以，施工企业在进行项目管理工作的优化创新时，需要建立健全成本管理的责任体系和运行机制，通过对施工合同的拆分和调整进行项目成本管理的综合把控，从而确定内部核算单价，提出项目成本管理指导计划，对项目成本进行动态把控，对作业层运行成本进行管理指导和监督。并且，项目经理和项目总工以及预算人员需要编制施工成本预算计划，确定项目目标成本并如实执行，还需要监督成本执行情况，进行项目成本的总体把控。

项目质量管理方面，施工企业应该加强对施工人员的工程质量重要性教育，强化全员质量意识。建立健全质量管理奖罚制度，从意识和实操两方面保证项目工程施工质量管理工作的切实开展。为了确保项目质量的如实检测，需要加强项目部质检员的责任意识和荣誉意识，建立健全施工档案机制，落实国家要求的质量终身责任制。

五、提高建筑工程项目安全、环保、文明施工意识

作为施工企业，应该始终把“安全第一”作为项目管理的基础方针，坚实完成“零事故”项目建设目标，提高管理人员和施工人员的安全施工意识，并且要响应国家的绿色施工、环保施工的要求，积极落实工程项目文明施工的施工制度，创建出一个安全、环保、文明的工程建筑工程施工现场。

总的来说，积极推行建筑工程项目管理的创新机制，在确保施工企业经济效益不断提升的同时，贯彻落实国家对建筑工程施工企业的发展要求，积极打造文明工地、环保工地、安全工地，为建筑方提供高质量、无污染的绿色建筑工程。

第五节 建筑工程项目管理目标控制

一、建筑工程项目管理内涵

针对建筑工程项目管理，其同企业项目管理存在十分显著的区别和差异。第一，建筑工程项目大部分均不完备，合同链层次相对较为烦琐复杂，同时项目管

理大部分均为委托代理；第二，同企业管理进行对比，建筑工程项目管理相对更加烦琐复杂，因为建筑工程存在相应的施工难度，参与管理部门类型不但较多且十分繁杂，实施管理阶段有着相应的不稳定性，大部分机构对于项目仅为一次性参与，导致工程项目管理难度相应增加；第三，建筑项目存在复杂性以及前瞻性的特点，致使项目管理具备相应的创造性，管理阶段需结合不同部门与学科的技术，使项目管理更加具有挑战性。建筑工程项目管理计划方案，对项目管理目标控制理论的科学合理应用至关重要。

当前，随着国家综合实力以及人们生活质量的快速提升，社会发展对建筑行业领域有了更为严格的标准，特别是关于建筑工程项目管理目标控制方面。现阶段，我国建筑企业关于项目管理体制以及具体运转阶段依然有着相应的不足和问题，对建筑整体质量以及企业社会与经济效益产生相应的负面影响。若想使存在的不足和问题获得有效解决，企业务必重视对目标控制理论的科学合理运用，对项目具体实施动态做出实时客观反映，切实增强工作效率。

二、项目管理目标控制内容分析

（一）进度控制

工程项目开展之前，应提前制定科学系统的工作计划，对进度做出有效控制。进度规划需要体现出经济、科学、高效，通过施工阶段对方案做出严格的实时监测，以此实现科学系统规划。进度控制并非一成不变，因为施工计划实施阶段，会受到各类不稳定因素产生的影响，以至于出现搁置的情况。所以，管理部门应对各个施工部门之间做出有效协调，工程项目务必基于具体情况做出科学合理调整，方可保证工程进度可以如期完成。

（二）成本规划

项目施工建设之前，规划部门需要对项目综合预期成本予以科学分析，涵盖进度、工期与材料与设备等施工准备工作。不过具体施工建设阶段，因为现场区域存在的材料使用与安全问题等不可控因素产生的影响，致使项目周期相应增加，具体运作所需成本势必同预期存在相应的偏差。除此之外，关于成本控制工作方面，在施工阶段同样会产生相应的变化，因此需重视对成本工作的科学系统控制。首先，应该对项目可行性做出科学深入分析研究；其次，应该对做出基础设计以及构想；最后，应该对产品施工图纸的准确计算与科学设计。

（三）安全性、质量提升

工程项目施工存在的安全问题，对工程项目的顺利开展有着十分关键的影响与作用。因为项目建设周期相对较长，施工难度相对较大，技术相对较为复杂等众多因素产生的影响，建筑工程存在的风险性随之相应的增加。基于此，工程项目施工建设阶段务必重视确保良好的安全性，项目负责单位务必注重对施工人员采取必要的安全教育培训，定期组织全体人员开展相应的安全注意事项以及模拟演练，还需重视对脚手架施工与混凝土施工等方面的重点安全检查，确保人员人身安全的同时，提高施工整体质量。此外，对施工材料同样应采取严格的质量管理以及科学检测，按照施工材料与设备方面的有关规范，对材料质量标准做出科学严格控制，以防由于施工材料质量方面的问题对项目整体质量产生不利影响。

三、项目管理目标控制实施策略分析

（一）提高项目经理管理力度

建筑工程项目管理目标控制阶段，有关部门需重视对项目经理的关键作用予以充分明确，位于项目管理体系之中，对项目经理具备的领导地位做出有效落实，对项目目标系统的关键影响与作用加以充分明确，并基于此作为设置岗位职能的关键基础依据。比如，城市综合体工程项目施工建设阶段，应通过项目经理指导全体人员开展施工建设工作，同时通过项目经理对总体目标同各个部门设计目标做出充分协调。基于工程项目的具体情况，对个人目标做出明确区分，并按照项目经理对项目做出的分析判断，对建设中的各种应用做出有效落实。在招标之前，对项目可行性做出科学系统的深入分析研究，同时完成项目基础的科学设计与合理构想。

（二）确定落实项目管理目标

规划项目成本需对项目可行性做出科学系统的深入分析研究，同时严格基于具体情况做出成本控制计算。工程开始进行招标直至施工建设，各个关键节点均需项目管理组织结构通过项目经理的管理与组织下，在正式开始施工建设之前，制定科学系统的项目总体计划图。通常而言，招标工作完成之后，施工企业需根据相应的施工计划，对项目施工建设阶段各个节点的施工时间做出相应的判断预测，并对施工阶段各个工序节点做出严格有效落实。施工阶段，强化对进度的严格监督管理，进度中各环节均需有效落实工作具体完成情况。若某阶段由于不可控因素产生工期拖延的情况，应向项目经理进行汇报。同时，管理部门与建设单位之间做出有效协调，对进度延长时间做出推算，并对额外产生的成本做出计算。在下一阶段施工中，应确保在不对质量产生影响的基础上，合理加快施工进度，保证工程可以如期交付。施工建设阶段，项目经理需要重点关注施工进展情况，对项目管理目标做出明确规定，并对具体工作加以有效落实。

（三）科学制定项目管理流程

科学制定项目管理流程，对项目管理目标控制实施有着十分重要的影响。首先，以目标管理过程控制原理为基础，在工程规划阶段，管理部门应事先制定管理制度、成本调控等相应的目标计划，加强工期管理以及成本把控，并对目标控制以及实现的规划加以有效落实。建筑企业对计划进行执行阶段，项目目标突发性和施工环境不稳定因素势必会对其产生相应的影响，工程竣工之后，此类因素还可能对项目目标和竣工产生相应的影响。所以，针对项目施工建设产生的问题，有关部门务必及时快速予以响应，配合建筑与施工企业对工程项目做出科学系统的分析研究，对进度进行全面核查与客观评价，对于核查的具体问题需要做出适当调整与有效解决，尽可能降低不稳定因素对工程可靠性产生的不利影响，降低对工程目标产生的负面影响。除此之外，建筑企业同样需对有关部门开展的审核工作予以积极配合，构建科学合理的奖惩机制，对实用可行的项目管理目标控制计划方案予以一定的奖励。同时，构建系统的管理责任制度，对施工建设阶段产生的问题进行严格管理。

综上所述，近些年，随着建筑行业的稳定良好发展，关于建筑工程项目管理目标控制的分析研究逐渐取得众多行业管理人员的广泛学习与充分认可。针对项目管理，如何加强成本、项目以及工期等控制，属于存在较强系统性的课题，望通过本节的分析可以引起有关人员的关注，推动项目管理应用整体水平得以切实提升，推动建筑工程项目的稳定良好发展。

第六节　建筑工程项目管理的风险及对策

一、建筑工程项目管理的风险

（一）项目管理的风险包含哪些方面

随着近年来我国社会经济发展水平的不断提升，建筑行业也取得了极为显著的发展，建筑工程的数量越来越多，规模也越来越大，这对于我国建筑市场的繁荣和城市化进程的推进都起到了积极的作用。但是在不断发展的同时，自然也面临着一些问题，就建筑工程本身来说，它存在着一定的危险性，因此对建筑工程进行项目管理是很有必要的。就当前的发展状况来看，项目管理当中也相应地存在着一些风险问题，为了保证建筑工程可以实现顺利安全施行，必须根据这些风险问题及时地进行对策探讨。

对于建筑工程的建设来说，项目管理是其中极为重要并且不可或缺的部分。在进行项目管理的过程当中总是会遇到一些风险问题，那么该如何来应对这些风险便成为一个很重要的问题。对项目管理风险的解决将会直接关系到建筑工程项目的运行效果和整体的施工质量，而风险所包含的内容是很多的，如建筑工程的技术风险、安全风险和进度风险等，这些都是和建筑工程项目本身息息相关的。因此，采取积极的对策来对风险进行解决，是极为必要的。

为了保证建筑工程可以高质量地完成，在实际的施工过程当中需要对建筑工程进行项目管理。建筑工程项目的具体的施工阶段总是会面临着很多不确定的因素，这些因素的集合也就是我们所常说的建筑工程项目管理风险。拿地基施工来说，如果在建筑工程的具体施工过程当中没有进行准确的测量，地基的夯实方面不合格，地基承载力不符合相关的设计要求等因素，类似这些状况都是建筑工程项目管理当中的风险，这些风险的存在会直接导致施工质量的不合格，还可能诱发一些相关的安全事故，导致人民的生命财产安全受到威胁，所产生的问题是不容小觑的。

（二）项目管理的风险的特点

就建筑工程本身的性质来说，存在着诸多风险因素，如工程建设的时间比较长，工程投资的规模比较大等。而就建筑工程项目管理的风险来说，它的特点也是比较显著的。首先，项目管理当中的诸多风险因素本身就是客观存在的，并且很多风险问题还存在着不可规避性，如暴雨、暴雪等恶劣天气因素，因此需要在建筑过程当中加强防御，尽可能地减少损失。由于这样的客观性，所以项目管理的风险同时还有不确定性。其次，施工环境的不同也会导致项目管理风险，在进行项目管理的时候需要根据相关的经验提前进行相关防护，利用先进的科技手段对可能会造成损失的风险进行预估，提前采取措施来降低风险造成的损失。

二、针对风险的相关对策探讨

（一）对于预测和决策过程中的风险管理予以加强

在建筑工程正式投入施工之前总是要经过一个投标决策的阶段，在这个阶段，企业就要对可能会出现的风险问题加以调查预测。每个建筑地的自然地理环境总是会相应存在着差异的，所以要对当地的相关情况进行研究调查，主要包括当地的气候、地形、水文及民俗相关等部分，在这个基础上将有关的风险因素予以分类，对那些影响范围比较大并且损失也较大的风险因素加以研究，然后依据于相关的工程经验来相应地制定出防范措施，提出适合的风险应对对策等。

（二）对于企业的内部管理要相应加强

在对建筑工程进行项目管理的过程当中，有很多风险因素是可以被适时地加以规避和化解的。对于不同类型的建筑工程，企业需要选派不同的管理人员，如那些比较复杂的工程和风险比较大的项目，要选派工作经验较为丰富且专业技术水平比较强的人员，这样对于施工过程当中的各项工作都可以进行有效的管理，加强各个职能部门对于工程项目本身的管理和支持，对于相关的资源也可以实现更加优化合理的配置，这样就在一定程度上减少了项目管理风险的出现。

（三）对待风险要科学看待有效规避

在对建筑工程进行项目管理的时候，很多风险本身就是客观存在的，经过不断的实践也对其中的规律性有所掌握，所以要以科学的态度来看待这些风险问题，从客观规律出发来进行有效的预防，尽可能地达到风险规避的目的，这样，即使是那些不可控的风险因素，也可以将其损失程度降到最低。而在对这些风险问题加以规避的过程当中，也要合理地进行法律手段的应用，从而对自身的利益加强保护，以减少不必要的损失。

（四）采取适合的方式来进行风险的分散转移

对于建筑工程的项目管理来说，其中的风险是大量存在的，如果可以将这些风险加以合理的分散转移，就可以在一定的程度上降低风险所带来的损害。在进行这项工作的时候，需要采取正确的方式进行，如联合承包、工程保险等，通过这些方法来实现风险的有效分散。

近年来，随着我国城市化进程的不断深化，建筑工程的建设也取得了突出的发展，而想要确保建筑项目顺利进行，对于建筑工程进行项目管理是很必要的一个部分，这对于建筑工程的经济效益和施工质量等方面都会在一定的程度上产生影响，也关系到人们的人身安全等，所以说需要对其加强重视程度。不可否认的是，在当前的建筑工程项目施工当中仍旧存在着一些风险，如果不能将这些风险及时地加以解决，将会产生一定的质量和经济损失，因此必须正确地采取回避、转移等措施，来有效地降低风险所产生的概率。

第七节　BIM技术下的建筑工程项目管理

建筑信息模型（英文名：Building Information Modeling，又称建筑信息模拟，简称BIM）是由充足信息构成以支持新产品开发管理，并可由计算机应用程序直接解释的建筑或建筑工程信息模型，即数字技术支撑的对建筑环境的生命周期管理。

一、BIM技术工程项目管理的必要性

在项目决策阶段使用BIM技术，需要对工程项目的可行性进行深入的分析，包括工程建设中所需的各项费用及费用的使用情况，都进行深入的分析，以确保能够做出正确的决策。而在项目设计阶段，利用BIM技术，主要工作任务是设计三维图形，将建筑工程中涉及的设备、电气及结构等方面进行深入的分析，并处理好各个部位之间的联系。在招标投标阶段，利用BIM技术能够直接统计出建筑工程的实际工程量，并根据清单上的信息，制定工程招标文件。在施工过程中，利用BIM技术，能够对施工进度进行有效的管理，并通过建立的5D模型，完成对每一施工阶段工程造价情况的统计。在建筑工程项目运营的过程中，利用BIM技术，能够对其各项运营环节进行数字化、自动化的管理。在工程的拆除阶段，利用BIM技术，能够对拆除方案进行深入的分析，并对爆炸点位置的合理性进行研究，判断爆炸是否会对周围的建筑产生不利的影响，确保相关工作的安全性。

（一）实现数据共享

在建筑工程项目的管理过程中，利用BIM技术，能够对工程项目相关的各个方面的数据进行分析，并在此基础上构建数字化的建筑模型。这种数字化的建筑模型具有可视化、协调性、模拟性及可调节等方面的特点。总之，在采用BIM技术进行建筑工程项目管理的过程中，能够更有效地进行多方协作，实现数据信息的共享，提升建筑工程项目管理的整体效率及建设质量。

（二）建立5D模型及事先模拟分析

在建筑工程的建设过程中，利用BIM技术，能够建立5D建筑模型，也就是在传统3D模型的基础上，将时间、费用这两项因素进行有效的融合。也就是说，在利用BIM技术对建筑工程项目进行管理的过程中，能够分析出工程建设过程中不同时间的费用需求情况，并以此为依据进行费用的筹集工作及使用工作，提高资金费用的利用率，为企业带来更多的经济效益。而事先模拟分析，则主要是指在利用BIM技术的过程中，通过对施工过程中的设计、造价、施工等环节的实际情况进行模拟，以防各个施工环节中的资源浪费情况，从而达到节约成本及提升施工效率的目的。

在现代建筑领域中，BIM技术作为一种管理方式正得到广泛的应用。这一管理方式主要依托于信息技术，对工程项目的建设过程进行系统性的管理，改变了传统的管理理念及管理方式，并将数据共享理念有效地融入进去，提高了整个流程的管理水平。鉴于此，本节从基于BIM技术下的建筑工程项目的管理内容入手，对BIM建筑工程项目管理现状及相关措施等方面的内容进行了分析。希望通过本节的论述，可以为相关领域的管理人员提供有价值的参考。

在我国社会经济的发展过程中，离不开建筑行业的发展，建筑工程是促进我国国民经济增长的重要基础。而在建筑工程项目的建设过程中，工程项目管理一直是保障工程建设质量的重要环节。长期实践表明，利用BIM技术能够有效完成建筑工程项目管理中的各项工作。

二、基于BIM技术下的建筑工程项目管理现状

现阶段，在利用BIM技术对建筑工程项目进行管理的过程中，主要存在硬件及软件系统不完善、技术应用标准不统一及管理方式不标准等方面的问题。BIM技术在应用过程中，受到技术软件上的制约。因此，在建筑工程设计阶段运用BIM技术的过程中，软件设计方案难以满足专业要求。换言之，BIM技术的应用水平，与运维平台及相关软件的使用性能方面有着密切的联系。而由于软件系统不完善，导致在传输数据过程中出现一些问题，影响了BIM技术的正常使用，给建筑工程项目管理工作造成了不良的影响。

三、加强BlM项目管理的相关措施

（一）应加强政府部门的主导

BIM不仅是一种技术手段，更是一种先进的管理理念，对建筑领域、管理领域等都具有非常重要的作用。因此，我国政府部门应加大对BIM技术研究工作的支持，从政策、资金等众多方面为其发展创造良好的环境。在这一过程中，BIM技术的研究人员应建立标准化的管理流程，加大主流软件的研究力度。

（二）BIM技术应多与高新技术融合

近年来，新技术不断被研发出来，云技术、物联网、通信技术等先进的科学

技术出现在各领域的发展中，在推动各个行业信息化、自动化、智能化发展的同时，也改变了传统的管理思维。可以说，这些新技术的应用，也为BIM技术的应用提供了更好的发展途径。实践证明，将BIM技术与传感技术、感知技术、云计算技术等先进技术进行有效的结合，能够推动技术的发展，使各领域的管理效率不断提升。

（三）建筑信息模型将进一步完善

我国相关部门正逐步统一各项技术的应用标准，为建筑信息模型的进一步完善奠定了良好的基础。实际上，在利用BIM技术的过程中，由于各个阶段建筑模型设计标准的不统一，给建筑模型的有效构建造成了一定的阻碍。而将各阶段的设计标准进行统一，能够将各个环节的设计理念有效地结合在一起，避免信息孤岛现象的同时，也能够提升管理效率。

通过本节的论述，分析了建筑工程项目管理过程中应用BIM技术能够取得良好的管理效果，也能够进一步提升建筑工程管理的技术水平。可以说，对于经济社会发展中的众多领域来讲，BIM技术的应用，具有较高的社会价值及经济价值。不过，由于受到技术因素、环境因素及人为因素等方面的影响，BIM技术的价值并没有完全发挥出来。相信在今后的研究中，BIM技术的应用将会对建筑行业及其他相关行业的发展奠定更坚实的基础，助力我国社会经济的发展与建设。

第二章　建筑工程项目进度管理

第一节　建筑工程项目进度管理概述

一、建筑工程项目进度管理的概念

建筑工程项目进度控制与成本控制和质量控制一样，是项目施工中的重点控制内容之一。它是保证施工项目按期完成，合理安排资源供应，节约工程成本的重要措施。

建筑工程项目进度管理即在经确认的进度计划的基础上实施工程各项具体工作，在一定的控制期内检查实际进度完成情况，并将其与进度计划相比较，若出现偏差，便分析其产生的原因和对工期的影响程度，找出必要的调整措施，修改原计划，不断如此循环，直至工程项目竣工验收。施工项目进度控制的总目标是确保施工项目既定目标工期的实现，或者在保证施工质量和不因此而增加施工实际成本的条件下，适当缩短施工工期。

二、影响建筑工程项目进度的因素

由于建筑工程项目自身的特点，尤其是较大和复杂的工程项目工期较长，影响进度因素较多。编制计划和执行控制施工进度计划时必须充分认识和估计这些因素，才能克服其影响，使施工进度尽可能按计划进行，当出现偏差时，应考虑有关影响因素，分析产生的原因。

（一）有关单位的影响

建筑工程项目的主要施工单位对施工进度起决定性作用，但是建设单位与业主、设计单位、银行信贷部门、材料设备供应部门、运输部门，水、电供应部门及政府的有关主管部门都可能给施工某些方面造成困难而影响施工进度。其中，设计单位图纸不及时和有错误以及有关部门或业主对设计方案的变动是经常发生和影响最大的因素。材料和设备不能按期供应，或质量、规格不符合要求，也将使施工停顿。资金不能保证会使施工进度中断或速度减慢等。

（二）施工条件的变化

工程地质条件和水文地质条件与勘察设计的不符，如地质断层、溶洞、地下障碍物、软弱地基，以及恶劣的气候，如暴雨、高温和洪水等都对施工进度产生影响，造成临时停工或破坏。

（三）技术失误

施工单位采用技术措施不当，施工中发生技术事故，应用新技术、新材料、新结构缺乏经验，不能保证质量等都会影响施工进度。

（四）施工组织管理不力

流水施工组织不合理、劳动力和施工机械调配不当、施工平面布置不合理等将影响施工进度计划的执行。

（五）意外事件以及不可抗力因素

施工中如果出现意外的事件，如战争、严重自然灾害、火灾、重大工程事故、工人罢工等都会影响施工进度计划。

三、建筑工程项目进度控制原理

（一）动态控制原理

建筑工程项目进度控制是一个不断进行的动态控制过程，也是一个循环进行的过程。从项目施工开始，实际进度就出现了运动的轨迹，也就是计划进入执行的动态。实际进度按照计划进度进行时，两者相吻合；当实际进度与计划进度不一致时，便产生超前或落后的偏差。动态控制即分析偏差的原因，采取相应的措施，调整原来计划，使两者在新的起点上重合，继续按其进行施工活动，并且尽量发挥组织管理的作用，使实际工作按计划进行。但是在新的干扰因素作用下，进度又会产生新的偏差。施工进度计划控制就是采用这种动态循环的控制方法。

（二）系统原理

建筑工程项目计划系统为了对项目实行进度计划控制，首先必须编制各种进度计划。其中有建筑工程项目总进度计划、单位工程进度计划、分部分项工程进度计划、季度和月（旬）作业计划，这些计划组成一个进度计划系统。执行计划时，从月（旬）作业计划开始实施，逐级按目标控制，从而实现对建筑工程项目整体进度目标的控制。施工组织各级负责人，从项目经理、施工队长到班组长及其所属全体成员组成了建筑工程项目实施的完整组织系统。该组织系统为了保证施工项目进度实施，还有一个项目进度的检查控制系统。不同层次人员负有不同进度控制职责，分工协作，形成一个纵横连接的建筑工程项目控制组织系统。实施是计划控制的落实，控制是保证计划按期实施。

（三）信息反馈原理

信息反馈是建筑工程项目进度控制的主要环节。施工的实际进度通过信息反馈给基层施工项目进度控制的工作人员，在分工的职责范围内，经过对其加工，再将信息逐级向上反馈，直到主控制室，主控制室整理统计各方面的信息，经比较分析做出决策，调整进度计划，仍使其符合预定工期目标。若不应用信息反馈原理，不断地进行信息反馈，则无法进行计划控制。施工项目进度控制的过程就是信息反馈的过程。

（四）弹性原理

建筑工程项目进度计划工期长、影响进度的原因多，其中有的已被人们掌握，根据统计经验估计出影响的程度和出现的可能性，并在确定进度目标时，进行目标的风险分析。在计划编制者具备了这些知识和实践经验之后，编制建筑工程项目进度计划时就会留有余地，使建筑工程项目进度计划具有弹性。在进行进度控制时，便可以利用这些弹性，缩短有关工作的时间，或者改变它们之间的搭接关系，即使检查之前拖延了工期，通过缩短剩余计划工期的方法，也能达到预期的计划目标。这就是建筑工程项目进度控制对弹性原理的应用。

（五）封闭循环原理

项目进度计划控制的全过程是计划、实施、检查、比较分析、确定调整措施、再计划。从编制项目施工进度计划开始，经过实施过程中的跟踪检查，收集有关实际进度的信息，比较和分析实际进度与施工计划进度之间的偏差，找出产生原因和解决办法，确定调整措施，再修改原进度计划，形成一个封闭的循环系统。

（六）网络计划技术原理

在建筑工程项目进度的控制中，利用网络计划技术原理编制进度计划，根据收集的实际进度信息，比较和分析进度计划，利用网络计划的工期优化、工期与成本优化和资源优化的理论调整计划。网络计划技术原理是建筑工程项目进度控制的完整的计划管理和分析计算的理论基础。

四、建筑工程项目进度控制的措施

建筑工程项目进度控制采取的主要措施有组织措施、管理措施、经济措施、技术措施等。

（一）组织措施

组织是目标能否实现的决定性因素，为实现项目的进度目标，应充分重视健全项目管理的组织体系。进度控制的组织措施包括：

（1）建立进度控制目标体系，明确工程现场监理机构进度控制人员及其职责分工。

（2）建立工程进度报告制度及进度信息沟通网络。

（3）建立进度计划审核制度和进度计划实施中的检查分析制度。

（4）建立进度协调会议制度，包括协调会议举行的时间、地点、参加人员等。

（5）建立图纸审查、工程变更和设计变更管理制度。

（二）管理措施

工程项目进度控制的管理措施涉及管理的思想、管理的方法、管理的手段、承发包模式、合同管理和风险管理等。进度控制的管理措施包括：

（1）用工程网络计划方法编制进度计划。

（2）承发包模式（直接影响工程实施的组织和协调）、合同结构、物资采购模式的选择。

（3）分析影响进度的风险，采取风险管理措施。

（4）重视信息技术在进度控制中的应用。

（三）经济措施

经济措施指实现进度计划的资金保证措施及可能的奖惩措施。进度控制的经济措施包括：

（1）资金需求计划。

（2）资金供应条件（也是工程融资的重要依据，包括资金总供应量、资金来源、资金供应的时间）。

（3）经济激励措施。

（4）考虑加快工程进度所需资金。

（5）对工程延误收取误期损失赔偿金。

（四）技术措施

技术措施指切实可行的施工部署及施工方案等。工程项目进度控制的技术措施涉及对实现进度目标有利的设计技术和施工技术的选用。进度控制的技术措施包括：

（1）对设计技术与工程进度关系做分析比较。

（2）有无改变施工技术、施工方法和施工机械的可能性。

（3）审查承包方提交的进度计划，使承包方能在合理的状态下施工。

（4）编制进度控制工作细则，指导监理人员实施进度控制。

（5）采用网络计划技术及其他科学适用的计划方法，并结合计算机的应用，对建筑工程进度实施动态控制。

五、建筑工程项目进度控制的目的及任务

（一）进度控制目的

进度控制目的是通过控制以实现工程的进度目标。在工程施工实践中，必须树立和坚持一个最基本的工程管理原则，即在确保工程质量的前提下，控制工程的进度。

（二）进度控制的任务

项目各参与方进度控制的任务各不相同，具体如下：

（1）业主方进度控制的任务是控制整个项目实施阶段的进度，包括控制设计准备阶段的工作进度、设计工作进度、施工进度、物资采购工作进度，以及项目动用前准备阶段的工作进度。

（2）设计方进度控制的任务是依据设计任务委托合同对设计工作进度的要求控制设计工作进度，这是设计方履行合同的义务。另外，设计方应尽可能使设计工作的进度与招标、施工和物资采购等工作进度相协调。

在国际上，设计进度计划主要是各设计阶段的设计图纸（包括有关的说明）的出图计划，在出图计划中标明每张图纸的出图日期。

（3）施工方进度控制的任务是依据施工任务委托合同对施工进度的要求控制施工进度，这是施工方履行合同的义务。在进度计划编制方面，施工方应视项目的特点和施工进度控制的需要，编制深度不同的控制性、指导性和实施性施工的进度计划，以及按不同计划周期（年度、季度、月度和旬）的施工计划等。

（4）供货方进度控制的任务是依据供货合同对供货的要求控制供货进度，这是供货方履行合同的义务。供货进度计划应包括供货的所有环节，如采购、加工制造、运输等。

第二节　建筑工程项目进度计划的编制

一、建筑工程项目进度计划的分类

（一）按照项目范围（编制对象）分类

1.施工总进度计划

施工总进度计划是以整个建设项目为对象来编制的，确定各单项工程的施工顺序和开、竣工时间以及相互衔接关系。施工总进度计划属于概略的控制性进度计划，综合平衡各施工阶段工程的工程量和投资分配。其内容包括：

（1）编制说明，包括编制依据、编制步骤和内容。

（2）进度总计划表，可以采用横道图或者网络图形式。

（3）分期分批施工工程的开、竣工日期，工期一览表。

（4）资源供应平衡表，即为满足进度控制而需要的资源供应计划。

2.单位工程施工进度计划

单位工程施工进度计划是对单位工程中的各分部、分项工程的计划安排，以此为依据确定施工作业所必需的劳动力和各种技术物资供应计划。其内容包括：

（1）编制说明，包括编制依据、编制步骤和内容。

（2）单位工程进度计划表。

（3）单位工程施工进度计划的风险分析及控制措施，包括由于不可预见因素，如不可抗力、工程变更等原因致使计划无法按时完成而采取的措施。

3.分部分项工程进度计划

分部分项工程进度计划是针对项目中某一部分或某一专业工种的计划安排。

（二）按照项目参与方分类

建筑工程施工进度计划按照项目参与方划分，可分为业主方进度计划、设计方进度计划、施工方进度计划、供货方进度计划和建设项目总承包方进度计划。

（三）按照时间分类

建筑工程施工进度计划按照时间划分，可分为年度进度计划，季度进度计划和月、旬作业计划。

（四）按照计划表达形式分类

建筑工程施工进度计划按照计划表达形式划分，可分为文字说明计划和以横道图、网络图等表达的图表式进度计划。

二、建筑工程项目进度计划的编制步骤

建筑工程项目进度计划系统是由多个相互关联的进度计划组成的系统，它是项目进度控制的依据。由于各种进度计划编制所需要的必要资料是在项目进展过程中逐步形成的，因此项目进度计划系统的建立和完善也有一个过程，它也是逐步形成的。根据项目进度控制不同的需要和不同的用途，各参与方可以构建多个不同的建筑工程项目进度计划系统，如不同计划深度的进度计划组成的计划系统（施工总进度计划、单位工程施工进度计划）、不同计划功能的进度计划组成的计划系统（控制性、指导性、实施性进度计划）、不同项目参与方的进度计划组成的计划系统（业主方、设计方、施工方、供货方进度计划）、不同计划周期的进度计划组成的计划系统（年度进度计划，季度进度计划，月、旬作业计划）。

（一）施工总进度计划的编制步骤

1.收集编制依据

（1）工程项目承包合同及招投标书（工程项目承包合同中的施工组织设计、合同工期、开竣工日期、有关工期提前或延误调整的约定，工程材料、设备的订货、供货合同等）。

（2）工程项目全部设计施工图纸及变更洽商（建设项目的扩大初步设计、

技术设计、施工图设计、设计说明书、建筑总平面图及变更洽商等）。

（3）工程项目所在地区位置的自然条件和技术经济条件（施工地质、环境、交通、水电条件等，建筑施工企业的人力、设备、技术和管理水平等）。

（4）施工部署及主要工程施工方案（施工顺序、流水段划分等）。

（5）工程项目需要的主要资源（劳动力状况、机具设备能力、物资供应来源条件等）。

（6）建设方及上级主管部门对施工的要求。

（7）现行规范、规程及有关技术规定（国家现行的施工及验收规范、操作规程、技术规定和技术经济指标）。

（8）其他资料（如类似工程的进度计划）。

2.确定进度控制目标

根据施工合同确定单位工程的先后施工顺序，作为进度控制目标。

3.计算工程量

根据批准的工程项目一览表，按单位工程分别计算各主要项目的实物工程量。工程量的计算可以按照初步设计图纸和有关定额手册或资料进行。

4.确定各单位工程施工工期

各单位工程的施工工期应根据合同工期确定。影响单位工程施工工期的因素很多，如建筑类型、结构特征和工程规模，施工方法、施工技术和施工管理水平，劳动力和材料供应情况，以及施工现场的地形、地质条件等。各单位工程的工期应根据现场具体条件，综合考虑上述影响因素后予以确定。

5.确定各单位工程搭接关系

（1）同一时期施工的项目不宜过多，以避免人力、物力过于分散。

（2）尽量做到均衡施工，以使劳动力、施工机械和主要材料的供应在整个工期范围内达到均衡。

（3）尽量提前建设可供工程施工使用的永久性工程，以节省临时施工费用。

（4）对于某些技术复杂、施工工期较长、施工困难较多的工程，应安排提前施工，以利于整个工程项目按期交付使用。

（5）施工顺序必须与主要生产系统投入生产的先后次序相吻合，同时还要安排好配套工程的施工时间，以保证建成的工程能迅速投入生产或交付使用。

（6）应注意季节对施工顺序的影响，要确保施工季节不导致工期拖延，不影响工程质量。

（7）应使主要工种和主要施工机械能连续施工。

6.编制施工总进度计划

首先，根据各施工项目的工期与搭接时间，以工程量大、工期长的单位工程为主导，编制初步施工总进度计划。其次，按照流水施工与综合平衡的要求，检查总工期是否符合要求，资源使用是否均衡且供应是否能得到满足，调整进度计划。最后，编制正式的施工总进度计划。

（二）单位工程施工进度计划的编制步骤

单位工程施工进度计划是施工单位在既定施工方案的基础上，根据规定的工期和各种资源供应条件，对单位工程中的各分部分项工程的施工顺序、施工起止时间及衔接关系进行合理安排。

1.确定对单位工程施工进度计划的要求

研究施工图、施工组织设计、施工总进度计划，调查施工条件，以确定对单位工程施工进度计划的要求。

2.划分施工过程

任何项目都是由许多施工过程所组成的，施工过程是施工进度计划的基本组成单元。编制单位工程施工进度计划时，应按照图纸和施工顺序将拟建工程的各个施工过程列出，并结合施工方法、施工条件、劳动组织等因素，加以适当调整。施工过程的划分应考虑以下因素：

（1）施工进度计划的性质和作用。一般来说，对规模大、工程复杂、工期长的建筑工程，编制控制性施工进度计划，施工过程划分可粗一些，综合性可大些，一般可按分部工程划分施工过程，如开工前准备、打桩工程、基础工程、主体结构工程等。对中小型建筑工程及工期不长的工程，编制实施性计划，其施工过程划分可细一些、具体些，要求每个分部工程所包括的主要分项工程均一一列出，使之起到指导施工的作用。

（2）施工方案及工程结构。不同的结构体系，其施工过程划分及其内容也各不相同。

（3）结构性质及劳动组织。施工过程的划分与施工班组的组织形式有关，如玻璃与油漆的施工，如果是单一工种组成的施工班组，可以划分为玻璃、油漆两个施工过程；同时为了组织流水施工的方便或需要，也可合并成一个施工过程，这时施工班组是由多工种混合的混合班组。

（4）对施工过程进行适当合并，达到简明清晰。将一些次要的、穿插性的施工过程合并到主要施工过程中去，将一些虽然重要但是工程量不大的施工过程与相邻的施工过程合并，同一时期由同一工种施工的施工项目也可以合并在一起，将一些关系比较密切、不容易分出先后的施工过程进行合并。

（5）设备安装应单独列项。民用建筑的水、暖、煤、卫、电等房屋设备安装是建筑工程的重要组成部分，应单独列项；工业厂房的各种机电等设备安装也要单独列项。

（6）明确施工过程对施工进度的影响程度。有些施工过程直接在拟建工程上进行作业，施工所占用的时间、资源，对工程的完成与否起着决定性的作用。在条件允许的情况下，可以缩短或延长工期。这类施工过程必须列入施工进度计划，如砌筑、安装、混凝土的养护等。另外，有些施工过程不占用拟建工程的工作面，虽需要一定的时间和消耗一定的资源，但不占用工期，所以不列入施工进度计划，如构件制作和运输等。

3.编排合理的施工顺序

施工顺序一般按照所选的施工方法和施工机械的要求来确定。设计施工顺序时，必须根据工程的特点、技术上和组织上的要求以及施工方案等进行研究。

4.计算各施工过程的工程量

施工过程确定之后，应根据施工图纸、有关工程量计算规则及相应的施工方法，分别计算各个施工过程的工程量。

5.确定劳动量和机械需用量及持续时间

根据计算的工程量和实际采用的施工定额水平，即可进行劳动量和机械台班量的计算。

6.编排施工进度计划

编制施工进度计划可使用网络计划图，也可使用横道计划图。

施工进度计划初步方案编制后，应检查各施工过程之间的施工顺序是否合理、工期是否满足要求、劳动力等资源需要量是否均衡，然后进行调整，正式形成施工进度计划。

7.编制劳动力和物资计划

有了施工进度计划后，还需要编制劳动力和物资需用量计划，附于施工进度计划之后。

三、建筑工程进度计划的表示方法

建筑工程进度计划的表示方法有多种，常用的有横道图和网络图两类。

（一）横道图

横道图进度计划法是传统的进度计划方法。横道计划图是按时间坐标绘出的，横向线条表示工程各工序的施工起止时间先后顺序，整个计划由一系列横道线组成。横道图计划表中的进度线（横道）与时间坐标相对应，简单易懂，在相对简单、短期的项目中，横道图都得到了广泛的运用。

横道图进度计划法的优点是比较容易编辑，简单、明了、直观、易懂；结合时间坐标，各项工作的起止时间、作业时间、工作进度、总工期都能一目了然；流水情况表示得清清楚楚。

但是，作为一种计划管理的工具，横道图也有它的不足之处。首先，不容易看出工作之间的相互依赖、相互制约的关系；其次，反映不出哪些工作决定了总工期，更看不出各工作分别有无伸缩余地（机动时间），有多大的伸缩余地；再次，由于它不是一个数学模型，不能实现定量分析，无法分析工作之间相互制约的数量关系；最后，横道图不能在执行情况偏离原定计划时，迅速而简单地进行调整和控制，更无法实行多方案的优选。

横道图的编制程序如下：

（1）将构成整个工程的全部分项工程纵向排列填入表中。

（2）横轴表示可能利用的工期。

（3）分别计算所有分项工程施工所需要的时间。

（4）如果在工期内能完成整个工程，则将第（3）项所计算出来的各分项工程所需工期安排在图表上，编排出日程表。这个日程的分配是为了要在预定的工期内完成整个工程，对各分项工程的所需时间和施工日期进行试算分配。

（二）网络图

与横道图进度计划方法相反，网络图进度计划方法能明确地反映出工程各组成工序之间的相互制约和依赖关系，可以用它进行时间分析，确定哪些工序是影响工期的关键工序，以便施工管理人员集中精力抓施工中的主要矛盾，减少盲目性。而且它是一个定义明确的数学模型，可以建立各种调整优化方法，并可利用计算机进行分析计算。网络计划技术作为现代管理的方法，与传统的计划管理方法相比较，具有明显优点，主要表现为：利用网络图模型，明确表达各项工作的逻辑关系，即全面而明确地反映出各项工作之间的相互依赖、相互制约的关系。通过网络图时间参数计算，确定关键工作和关键线路，便于在施工中集中力量抓住主要矛盾，确保竣工工期，避免盲目施工。显示了机动时间，能从网络计划中预见其对后续工作及总工期的影响程度，便于采取措施，进行资源合理分配。能够利用计算机绘图、计算和跟踪管理，便于对计划的调整与控制。便于优化和调整，加强管理，取得好、快、省的全面效果。

1.网络计划的编制程序

在项目施工中用来指导施工，控制进度的施工进度网络计划，就是经过适当优化的施工网络。其编制程序如下：

（1）调查研究。了解和分析工程任务的构成和施工的客观条件，掌握编制进度计划所需的各种资料，特别要对施工图进行透彻研究，并尽可能对施工中可能发生的问题作出预测，考虑解决问题的对策等。

（2）确定方案。确定方案主要是指确定项目施工总体部署，划分施工阶段，制定施工方法，明确工艺流程，决定施工顺序等。这些一般都是施工组织设计中施工方案说明中的内容，且施工方案说明一般应在施工进度计划之前完成，故可直接从有关文件中获得。

（3）划分工序。根据工程内容和施工方案，将工程任务划分为若干道工序。一个项目划分为多少道工序，由项目的规模和复杂程度，以及计划管理的需要来决定，只要能满足工作需要就可以了，不必分得过细。大体上要求每一道工序都有明确的任务内容，有一定的实物工程量和形象进度目标，能够满足指导施工作业的需要，完成与否有明确的判别标志。

（4）估算时间。估算时间即估算完成每道工序所需要的工作时间，也就是每项工作延续时间。这是对计划进行定量分析的基础。

（5）编工序表。将项目的所有工序依次列成表格，编排序号，以便于查对是否遗漏或重复，并分析相互之间的逻辑制约关系。

（6）画网络图。根据工序表画出网络图。工序表中所列出的工序逻辑关系既包括工艺逻辑，也包含由施工组织方法决定的组织逻辑。

（7）画时标网络图。给上面的网络图加上时间横坐标，这时的网络图就叫时标网络图。在时标网络图中，表示工序的箭线长度受时间坐标的限制，一道工序的箭线长度在时间坐标轴上的水平投影长度就是该工序延续时间的长短；工序的时差用波形线表示；虚工序延续时间为零，因而虚箭线在时间坐标轴上的投影长度也为零；虚工序的时差也用波形线表示。这种时标网络可以按工序的最早开工时间来画，也可以按工序的最迟开工时间来画，在实际应用中多采用前者。

（8）画资源曲线。根据时标网络图可画出施工主要资源的计划用量曲线。

（9）可行性判断。可行性判断主要是判别资源的计划用量是否超过实际可能的投入量。如果超过了，这个计划是不可行的，要进行调整，无非是将施工高峰错开，削减资源用量高峰；或者改变施工方法，减少资源用量。这时就要增加或改变某些组织逻辑关系，重新绘制时间坐标网络图；如果资源计划用量不超过实际拥有量，那么这个计划是可行的。

（10）优化程度判别。可行的计划不一定是最优的计划。计划的优化是提高经济效益的关键步骤，所以，要判别计划是否最优。如果不是，就要进一步优化，如果计划的优化程度已经可以令人满意（往往不一定是最优），就得到可以用来指导施工、控制进度的施工网络图了。大多数工序都有确定的实物工程量，可按工序的工程量并根据投入资源的多少及该工序的定额计算出作业时间。若该工序无定额可查，则可组织有关管理干部、技术人员、操作工人等，根据有关条件和经验，对完成该工序所需的时间进行估计。

常用的工程网络计划类型包括：

①双代号网络计划。

②单代号网络计划。

③双代号时标网络计划。

④单代号搭接网络计划。

2.双代号网络计划图的组成

双代号网络计划图是由箭线、节点和线路组成的，用来表示工作流程的有向、有序网状图形。一个网络计划图表示一项计划任务。双代号网络计划图用两个圆圈和一个箭杆表示一个工序，工作名称写在箭杆上面，持续时间写在箭杆下面，箭尾表示工序的开始，箭头表示结束，圆圈表示先后两工序之间的连接，在网络图中叫节点，节点可以填入工序开始和结束时间，也可以表示代号。

（1）箭线：一条箭线表示一项工作，如砌墙、抹灰等。工作所包括的范围可大可小，既可以是一道工序，也可以是一个分项工程或一个分部工程，甚至是一个单位工程。在无时标的网络图中，箭线的长短并不反映该工作占用时间的长短。箭线的方向表示工作进行的方向和前进的路线，箭线的尾端表示该项工作的开始，箭头端则表示该项工作的结束。箭线可以画成直线、斜线或折线。虚箭线可以起到联系和断路的作用。指向某个节点的箭线称为该节点的内向箭线；从某节点引出的箭线称为该节点的外向箭线。

（2）节点：节点代表一项工作的开始或结束。除起点节点和终点节点外，任何中间节点既是前面工作的结束节点，也是后面工作的开始节点。节点是前后两项工作的交接点，它既不消耗时间也不消耗资源。双代号网络计划图中，一项工作可以用其箭线两端节点内的号码来表示。对一项工作来说，其箭头节点的编号应大于箭尾节点的编号，即顺着箭线方向由小到大。

（3）线路：网络图中从起点节点开始，沿箭头方向顺序通过一系列箭线与节点，最后到达终点节点的通路称为线路。线路上所有工作的持续时间总和称为该线路的总持续时间。总持续时间最长的线路称为关键线路，关键线路的长度就是网络计划的总工期。关键线路上的工作称为关键工作。关键工作的实际进度是建筑工程进度控制工作中的重点。在网络计划中，关键线路可能不止一条。在网络计划执行过程中，关键线路还会发生转移。

3.绘制双代号网络计划图的基本原则

网络计划图的绘制是网络计划方法应用的关键，要正确绘制网络计划图，必须正确反映各项工作之间的逻辑关系，遵守绘图的基本规则。各工作间的逻辑关系既包括客观上的由工艺所决定的工作上的先后顺序关系，也包括施工组织所要求的工作之间相互制约、相互依赖的关系。逻辑关系表达得是否正确，是网络计划图能否反映工程实际情况的关键，而且逻辑关系搞错，图中各项工作参数的计算以及关键线路和工程工期都将随之出现错误。

（1）逻辑关系。逻辑关系是指项目中各工作之间的先后顺序关系，具体包括工艺关系和组织关系。

①工艺关系：生产性工作之间由工艺过程决定的、非生产性工作之间由工作程序决定的先后顺序关系称为工艺关系。

②组织关系：工作之间由于组织安排需要或资源（劳动力、原材料、施工机具等）调配需要而规定的先后顺序关系称为组织关系。

在绘制网络图时，应特别注意虚箭线的使用。在某些情况下，必须借助虚箭线才能正确表达工作之间的逻辑关系。

（2）绘图规则。

①网络计划图中严禁出现从一个节点出发，顺箭头方向又回到原出发点的循环回路。如果出现循环回路，逻辑关系将混乱，工作无法按顺序进行。当然，此时节点编号也会出现错误。网络计划图中的箭线（包括虚箭线，以下同）应保持自左向右的方向，不应出现箭头指向左方的水平箭线和箭头偏向左方的斜向箭线。若遵循该规则绘制网络图，就不会出现循环回路。

②网络计划图中严禁出现双向箭头和无箭头的连线。因为工作进行的方向不明确，因而不能达到网络图有向的要求。

③网络图中严禁出现没有箭尾节点的箭线和没有箭头节点的箭线。

④严禁在箭线上引入或引出箭线。

⑤应尽量避免网络图中工作箭线的交叉。当交叉不可避免时，可以采用过桥法处理。

⑥网络图中应只有一个起点节点或一个终点节点。

⑦当网络图的起点节点有多条箭线引出（外向箭线）或终点节点有多条箭线引入（内向箭线）时，为使图形简洁，可用母线法绘图。

⑧对平行搭接进行的工作，在双代号网络计划图中，应分段表达。

⑨网络图应条理清楚，布局合理。

在正式绘图以前，应先绘出草图，然后再作调整，在调整过程中要做到突出重点工作，即尽量把关键线路安排在中心醒目的位置，把联系紧密的工作尽量安排在一起，使整个网络条理清楚，布局合理。

（3）绘图步骤。当已知每一项工作的紧前工作时，可按下述步骤绘制双代号网络计划图：

①绘制没有紧前工作的工作箭线，使它们具有相同的开始节点。

②从左至右依次绘制其他工作箭线。绘制工作箭线按下列原则进行：当所要绘制的工作只有一项紧前工作时，将该工作箭线直接画在其紧前工作箭线之后即可。当所要绘制的工作有多项紧前工作时，应按不同情况分别予以考虑。对于所要绘制的工作，若在其紧前工作之中存在一项只作为该工作紧前工作的工作，则应将该工作箭线直接画在其紧前工作箭线之后，然后用虚箭线将其他紧前工作的箭头节点与该工作箭线的箭尾节点分别相连。

对于所要绘制的工作，若在其紧前工作之中存在多项只作为该工作紧前工作的工作，应先将这些紧前工作的箭头节点合并，再从合并的节点画出该工作箭线，最后用虚箭线将其他紧前工作的箭头节点与该工作箭线的箭尾节点分别相连。对于所要绘制的工作，若不存在上述两种情况，应判断该工作的所有紧前工作是否都同时作为其他工作的紧前工作。如果上述条件成立，应先将这些紧前工作箭线的箭头节点合并后，再从合并的节点开始画出该工作箭线。

对于所要绘制的工作，若不存在前述情况，应将该工作箭线单独画在其紧前工作箭线之后的中部，然后用虚箭线将其紧前工作箭线的箭头节点与该工作箭线的箭尾节点分别相连。

③当各项工作箭线都绘制出来之后，应合并那些没有紧后工作之工作箭线的箭头节点，以保证网络图只有一个终点节点。

④当确认所绘制的网络图正确后，即可进行节点编号。当已知每一项工作的紧后工作时，绘制方法类似，只是其绘图的顺序由上述的从左向右改为从右向左。

4.双代号网络计划时间参数的概念

所谓时间参数，是指网络计划、工作及节点所具有的各种时间值。网络计划的时间参数是确定工程计划工期、确定关键线路、关键工作的基础，也是判定非关键工作机动时间和进行优化、计划管理的依据。时间参数计算应在各项工作的持续时间确定之后进行。双代号网络计划的时间参数主要有：

（1）工作持续时间和工期。工作持续时间是指一项工作从开始到完成的时间。工期泛指完成一项任务所需要的时间。在网络计划中，工期一般有以下三种：

①计算工期。计算工期是根据网络计划时间参数计算而得到的工期。

②要求工期。要求工期是任务委托人所提出的指令性工期。

③计划工期。计划工期是指根据要求工期和计算工期所确定的作为实施目标的工期。

（2）工作的六个时间参数。除工作持续时间外，网络计划中工作的六个时间参数是：最早开始时间、最早完成时间、最迟完成时间、最迟开始时间、总时差和自由时差。

最早开始时间和最早完成时间。工作的最早开始时间是指在其所有紧前工作全部完成后，本工作有可能开始的最早时刻。工作的最早完成时间是指在其所有紧前工作全部完成后，本工作有可能完成的最早时刻。工作的最早完成时间等于本工作的最早开始时间与其持续时间之和。

最迟完成时间和最迟开始时间。工作的最迟完成时间是指在不影响整个任务按期完成的前提下，本工作必须完成的最迟时刻。工作的最迟开始时间是指在不影响整个任务按期完成的前提下，本工作必须开始的最迟时刻。工作的最迟开始时间等于本工作的最迟完成时间与其持续时间之差。

总时差和自由时差。工作的总时差是指在不影响总工期的前提下，本工作可以利用的机动时间。工作的自由时差是指在不影响其紧后工作最早开始时间的前提下，本工作可以利用的机动时间。从总时差和自由时差的定义可知，对同一项工作而言，自由时差不会超过总时差。当工作的总时差为零时，其自由时差必然为零。在网络计划的执行过程中，工作的自由时差是该工作可以自由使用的时间。

（3）节点最早时间和最迟时间。节点最早时间是指在双代号网络计划中，以该节点为开始节点的各项工作的最早开始时间。节点最迟时间是指在双代号网络计划中，以该节点为完成节点的各项工作的最迟完成时间。

5.双代号网络计划时间参数的计算

双代号网络计划时间参数的计算有按工作计算法和按节点计算法两种，下面分别予以说明。

（1）按工作计算法计算时间参数。按工作计算法是指以网络计划中的工作为对象，直接计算各项工作的时间参数。为了简化计算，网络计划时间参数中的开始时间和完成时间都应以时间单位的终了时刻为标准。如第4天开始即指第4天终了（下班）时刻开始，实际上是第5天上班时刻才开始；第6天完成即指第6天终了（下班）时刻完成。

按工作计算法计算时间参数的过程如下：

①计算工作的最早开始时间和最早完成时间。工作的最早开始时间是指其所有紧前工作全部完成后，本工作最早可能的开始时刻。规定：工作的最早开始时间应从网络计划的起点节点开始，顺着箭线方向自左向右依次逐项计算，直到终点节点为止。必须先计算其紧前工作，然后再计算本工作。工作最早完成时间是工作最早开始时间加上工作持续时间所得到时间。

②确定网络计划的计划工期。

③计算工作的最迟完成时间和最迟开始时间。工作最迟完成时间和最迟开始时间的计算应从网络计划的终点节点开始，逆着箭线方向依次进行。

④计算工作的总时差。工作的总时差等于该工作最迟完成时间与最早完成时间之差，或该工作最迟开始时间与最早开始时间之差。

⑤计算工作的自由时差。工作自由时差的计算应按以下两种情况分别考虑：对于有紧后工作的工作，其自由时差等于本工作紧后工作最早开始时间减去本工作最早完成时间所得差的最小值。对于无紧后工作的工作，也就是以网络计划终点节点为完成节点的工作，其自由时差等于计划工期与本工作最早完成时间之差。

需要指出的是，对于网络计划中以终点节点为完成节点的工作，其自由时差与总时差相等。此外，由于工作的自由时差是其总时差的构成部分，所以，当工作的总时差为零时，其自由时差必然为零，可不必进行专门计算。

⑥确定关键工作和关键线路。在网络计划中，总时差最小的工作为关键工作。特别地，当网络计划的计划工期等于计算工期时，总时差为零的工作就是关键工作。找出关键工作之后，将这些关键工作首尾相连，便构成从起点节点到终点节点的通路，位于该通路上各项工作的持续时间总和最大，这条通路就是关键线路。在关键线路上可能有虚工作存在。

关键线路一般用粗箭线或双线箭线标出，也可以用彩色箭线标出。关键线路上各项工作的持续时间总和应等于网络计划的计算工期，这一特点也是判别关键线路是否正确的准则。在上述计算过程中，标注方法是将每项工作的六个时间参数均标注在图中，故称为六时标注法。为使网络计划的图面更加简洁，在双代号网络计划中，除各项工作的持续时间以外，通常只需标注两个最基本的时间参数——各项工作的最早开始时间和最迟开始时间即可，而工作的其他四个时间参数（最早完成时间、最迟完成时间、总时差和自由时差）均可根据工作的最早开始时间、最迟开始时间及持续时间导出，这种方法称为二时标注法。

（2）按节点计算法计算时间参数。所谓按节点计算法，就是先计算网络计划中各个节点的最早时间和最迟时间，然后再据此计算各项工作的时间参数和网络计划的计算工期。

6.双代号时标网络计划

双代号时标网络计划是以时间坐标为尺度编制的网络计划，时标网络计划中应以实箭线表示工作，以虚箭线表示虚工作，以波形线表示工作的自由时差。时标网络计划既具有网络计划的优点，又具有横道计划直观易懂的优点，它能将网络计划的时间参数直观地表达出来。

（1）双代号时标网络计划的特点。双代号时标网络计划是以水平时间坐标为尺度编制的双代号网络计划，其主要特点如下：时标网络计划兼有网络计划与横道计划的优点，它能够清楚地表明计划的时间进程，使用方便；时标网络计划能在图上直接显示出各项工作的开始与完成时间、工作的自由时差及关键线路；在时标网络计划中可以统计每一个单位时间对资源的需要量，以便进行资源优化和调整；由于箭线受到时间坐标的限制，当情况发生变化时，对网络计划的修改比较麻烦，往往要重新绘图。

（2）双代号时标网络计划的一般规定。双代号时标网络计划必须以水平时间坐标为尺度表示工作时间。时标的时间单位应根据需要在编制网络计划之前确定，可为时、天、周、月或季。时标网络计划中所有符号在时间坐标上的水平投影位置，都必须与其时间参数相对应。节点中心必须对准相应的时标位置。时标网络计划中虚工作必须以垂直方向的虚箭线表示，有自由时差时加波形线表示。

（3）时标网络计划的编制方法：时标网络计划宜按各个工作的最早开始时间编制。在编制时标网络计划之前，应先按已经确定的时间单位绘制时标网络计划表。时间坐标可以标注在时标网络计划表的顶部或底部，也可以在时标网络计划表的顶部和底部同时标注时间坐标。编制时标网络计划时应先绘制无时标的网络计划草图，然后按间接绘制法或直接绘制法进行编制。

①间接绘制法。间接绘制法先根据无时标的网络计划草图计算其时间参

数，并确定关键线路，然后在时标网络计划表中进行绘制。其绘制步骤如下：根据项目工作列表绘制双代号网络图；计算节点时间参数（或工作最早时间参数）；绘制时标计划；将每项工作的箭尾节点按节点最早时间定位于时标计划表上，其布局与非时间网络基本相同；按各工作的时间长度绘制相应工作的实箭线部分，使其在时间坐标上的水平投影长度等于工作的持续时间，用虚线绘制虚工作；用波形线将实箭线部分与其紧后工作的开始节点连接起来，以表示工作的自由时差；进行节点编号。

②直接绘制法。直接绘制法是指不计算时间参数而直接按无时标的网络计划草图绘制时标网络计划。其绘制步骤如下：将网络计划的起点节点定位在时标网络计划表的起始刻度线上；按工作的持续时间绘制以网络计划起点节点为开始节点的工作箭线；除网络计划的起点节点外，其他节点必须在所有以该节点为完成节点的工作箭线均绘出后，定位在这些工作箭线中最迟的箭线末端，当某些工作箭线的长度不足以到达该节点时，须用波形线补足，箭头画在与该节点的连接处；当某个节点的位置确定之后即可绘制以该节点为开始节点的工作箭线；利用上述方法从左至右依次确定其他各个节点的位置，直至绘出网络计划的终点节点。

特别注意：处理好虚箭线。应将虚箭线与实箭线等同看待，只是其对应工作的持续时间为零；尽管它本身没有持续时间，但可能存在波形线，其垂直部分仍应画为虚线。在实际施工过程中，应注意横道计划和网络计划的结合使用，即在应用计算机编制施工进度计划时，先用网络方法进行时间分析，确定关键工序，进行调整优化，然后输出相应的横道计划用于指导现场施工。

四、计算机辅助建设项目进度控制

国外有很多用于进度计划编制的商品软件，20世纪70年代末期至80年代初期，我国也开始研制进度计划编制的软件，这些软件都是在网络计划原理的基础上编制的。应用这些软件可以实现计算机辅助建设项目进度计划的编制和调整，以确定网络计划的时间参数。计算机辅助建设项目网络计划编制的意义如下：解决网络计划计算量大而手工计算难以承担的困难，确保网络计划计算的准确性，有利于网络计划及时调整。有利于编制资源需求计划等。

常用的施工进度计划横道图、网络图编制软件有以下三种：

（1）Excel（施工进度计划自动生成表格）：编写较方便，适用于比较简单的工程项目。

（2）PKPM（网络计划/项目管理软件）：可完成网络进度计划、资源需求计划的编制及进度、成本的动态跟踪、对比分析；自动生成带有工程量和资源分配的施工工序，自动计算关键线路；提供多种优化、流水作业方案及里程碑和前锋线功能；自动实现横道图、单代号图、双代号图转换等功能。

（3）Microsoft Project：作为一种功能强大而灵活的项目管理工具，Microsoft Project可以用于控制简单或复杂的项目。特别是对于建筑工程项目管理的进度计划管理，它在创建项目并开始工作后，可以跟踪实际的开始和完成日期、实际完成的任务百分比和实际工时。跟踪实际进度可显示所做的更改影响其他任务的方式，从而最终影响项目的完成日期；跟踪项目中每个资源完成的工时，然后可以比较计划工时量和实际工时量；查找过度分配的资源及其任务分配，减少资源工时，将工作重新分配给其他资源。

第三节　建筑工程项目进度计划的实施

一、建筑工程项目进度计划的实施

实施施工进度计划，应逐级落实年、季、月、旬、周施工进度计划，最终通过施工任务书由班组实施，记录现场的实际情况以及调整、控制进度计划。

（一）编制年、月施工进度计划和施工任务书

1.年（季）度施工进度计划

大型施工项目的施工，工期往往要几年，这就需要编制年（季）度施工进度计划，以实现施工总进度计划。

2.月（旬、周）施工进度计划

对于单位工程来说，月（旬、周）计划有指导作业的作用，因此要具体编制

成作业计划，应在单位工程施工进度计划的基础上分段细化编制。

3.施工任务书

施工任务书是向作业班组下达施工任务的一种工具。它是计划管理和施工管理的重要基础依据，也是向班组进行质量、安全、技术、节约等交底的良好形式，可作为原始记录文件供业务核算使用。随施工任务书下达的限额领料单是进行材料管理和核算的良好手段。任务书的背面是考勤表，随任务书下达的限额领料单。

施工班组接到任务书后，应做好人员分工、安排完成，执行中要保质量、保进度、保安全、保节约、保工效提高。任务完成后，班组自检，在确认已经完成后，向工长报请验收。工长验收时查数量、查质量、查安全、查用工、查节约，然后回收任务书，交作业队登记结算；结算内容有工程量、工期、用工、效率、耗料、报酬、成本；还要进行数量、质量、安全和节约统计，然后存档。

（二）记录现场的实际情况

在施工中要如实做好施工记录，记录好各项工作的开、竣工日期和施工工期，记录每日完成的工程量，施工现场发生的事件及解决情况，可为计划实施的检查、分析、调整、总结提供原始资料。

（三）调整、控制进度计划

检查作业计划执行中出现的各种问题，找出原因并采取措施解决；监督供货商按照进度计划要求按时供料；控制施工现场各项设施的使用；按照进度计划做好各项施工准备工作。

二、建筑工程项目进度计划的检查

在建筑工程项目的实施过程中，为了进行进度控制，进度控制人员应经常、定期地跟踪检查施工实际进度情况。施工进度的检查与进度计划的执行是融合在一起的，施工进度的检查应与施工进度记录结合进行。计划检查是计划执行信息的主要来源，是施工进度调整和分析的依据，是进度控制的关键步骤。具体应主要检查工作量的完成情况、工作时间的执行情况、资源使用及与进度的互相配合情况等，进行进度统计整理和对比分析，确定实际进度与计划进度之间的关系，并视实际情况对计划进行调整。

（一）跟踪检查施工实际进度，收集实际进度数据

跟踪检查施工实际进度是项目施工进度控制的关键措施。其目的是收集实际施工进度的有关数据。跟踪检查的时间和收集数据的质量，直接影响控制工作的质量和效果。

（二）整理统计检查数据

为了进行实际进度与计划进度的比较，必须对收集到的实际进度数据进行加工处理，形成与计划进度具有可比性的数据。例如，对检查时段实际完成工作量的进度数据进行整理、统计和分析，确定本期累计完成的工作量、本期已完成的工作量占计划总工作量的百分比等。

（三）对比实际进度与计划进度

进度计划的检查方法主要是对比法，即把实际进度与计划进度进行对比，从而发现偏差。将实际进度数据与计划进度数据进行比较，可以确定建筑工程实际执行状况与计划目标之间的差距。为了直观反映实际进度偏差，通常采用表格或图形进行实际进度与计划进度的对比分析，从而得出实际进度比计划进度超前、滞后还是一致的结论。

实践中，我们可采用横道图比较法、S形曲线比较法、香蕉形曲线比较法、前锋线比较法、列表比较法等。

（四）调整建筑工程项目进度计划

若产生的偏差对总工期或后续工作产生了影响，经研究后需对原进度计划进行调整，以保证进度目标的实现。

三、实际进度与计划进度的比较方法

施工项目进度比较分析与计划调整是施工项目进度控制的主要环节，其中施工项目进度比较是调整的基础。常用的比较方法有以下三种。

（一）横道图比较法

用横道图编制施工进度计划，指导施工的实施已是人们常用的、很熟悉的方法。它简明、形象和直观，编制方法简单，使用方便。

横道图比较法是把在项目施工中检查实际进度收集的信息，经整理后直接用横道线与原计划的横道线并列标于一起，进行直观比较的方法。通过上述记录与比较，为进度控制者提供了实际施工进度与计划进度之间的偏差，为采取调整措施提供了明确的任务。这是人们施工中进行施工项目进度控制经常使用的一种最简单的方法。完成任务量可以用实物工程量、劳动消耗量和工作量三种物理量表示，为了方便比较，一般用它们实际完成量的累计百分比与计划的应完成量的累计百分比进行比较。

根据各项工作的进度偏差，进度控制者可以采取相应的纠偏措施对进度计划进行调整，以确保该工程按期完成。该方法仅适用于工程项目中的各项工作都是均匀进展的情况，即每项工作在单位时间内完成的任务量都相等的情况。事实上，工程项目中各项工作的进展不一定是匀速的。根据施工项目施工中各项工作的速度不一定相同，以及进度控制要求和提供的进度信息不同，可以采用以下2种方法。

1.匀速进展横道图比较法

匀速进展是指施工项目中，每项工作的施工进展速度都是匀速的，即在单位时间内完成的任务量都是相等的，累计完成的任务量与时间的关系曲线为直线。

采用匀速进展横道图比较法时，其步骤为：

（1）编制横道图进度计划。

（2）在进度计划上标出检查日期。

（3）将检查收集的实际进度数据，按比例用涂黑的粗线标于计划进度线的下方。

（4）比较分析实际进度与计划进度。

①涂黑的粗线右端与检查日期相重合，表明实际进度与施工计划进度相一致。

②涂黑的粗线右端在检查日期左侧，表明实际进度拖后。

③涂黑的粗线右端在检查日期的右侧，表明实际进度超前。

该方法只适用于工作从开始到完成的整个过程中，其施工速度是不变的，累计完成任务量与时间成正比。若工作的施工速度是变化的，则这种方法不能进行工作的实际进度与计划进度之间的比较。

2.非匀速进展横道图比较法

匀速进展横道图比较法，只适用施工进展速度不变情况下的施工实际进度与计划进度之间的比较。当工作在不同的单位时间里的进展速度不同时，累计完成的任务量与时间的关系曲线不是呈直线变化的。按匀速施工横道图比较法绘制的实际进度涂黑粗线，不能反映实际进度与计划进度完成任务量的比较情况。这种情况的进度比较可以采用非匀速进展横道图比较法。

非匀速进展横道图比较法是适用于工作进度按变速进展的情况下，工作实际进度与计划进度进行比较的一种方法。这种方法是在表示工作实际进度的涂黑粗线的同时，标出其对应时刻完成任务量的累计百分比，将该百分比与其同时刻计划完成任务量累计百分比相比较，判断工作的实际进度与计划进度之间的关系的一种方法。其比较方法的步骤为：

（1）编制横道图进度计划。

（2）在横道线上方标出每周（月）计划累计成任务量百分比。

（3）在计划横道线的下方标出至检查日期实际完成的任务累计百分比。

（4）用涂黑粗线标出实际进度线，并从开工日标起，同时反映出施工过程中工作的连续与间断情况。

（5）通过比较同一时刻实际完成任务量累计百分比和计划完成任务量累计百分比，判断工作实际进度与计划进度之间的关系。

①若同一时刻上下两个累计百分比相等，则实际进度与计划进度一致。

②若同一时刻上面的累计百分比大于下面的累计百分比，则该时刻实际施工进度拖后，拖后的量为二者之差。

③若同一时刻上面的累计百分比小于下面累计百分比，则表明该时刻实际施工进度超前，超前的量为二者之差。

由于工作的施工速度是变化的，因此横道图中的进度横线，不管是计划的还是实际的，都只表示工作的开始时间、持续天数和完成的时间，并不表示计划完成量和实际完成量，这两个量分别通过标注在横道线上方及下方的累计百分比数量表示。实际进度的涂黑粗线是从实际工程的开始日期画起的，若工作实际施工间断，亦可在图中将涂黑粗线留相应的空白。

采用非匀速进展横道图比较法，不仅可以进行某一时刻（如检查日期）实际进度与计划进度的比较，而且能进行某一时间段实际进度与计划进度的比较。当然，这需要实施部门按规定的时间记录当时的任务完成情况。横道图比较法虽有比较简单、形象直观、易于掌握、使用方便等优点，但由于其以横道计划为基础，因而带有局限性。在横道计划中，各项工作之间的逻辑关系表达不明确，关键工作和关键线路无法确定。一旦某些工作实际进度出现偏差，难以预测其对后续工作和工程总工期的影响，也就难以确定相应的进度计划调整方法。因此，横道图比较法主要用于工程项目中某些工作实际进度与计划进度的局部比较。

（二）S形曲线比较法

S形曲线比较法与横道图比较法不同，它不是在编制的横道图进度计划上进行实际进度与计划进度比较，而是以横坐标表示时间，纵坐标表示累计完成任务量，绘制出一条按计划时间累计完成任务量的S形曲线，将工程项目实施过程中各检查时间实际累计完成任务量的S形曲线也绘制在同一坐标系中，并进行实际进度与计划进度相比较的一种方法。

对整个施工项目的施工全过程而言，一般在开始和结尾阶段，单位时间投入的资源量较少，中间阶段单位时间投入的资源量较多，相对应的，单位时间完成的任务量也是同样变化的，而随时间进展累计完成的任务量就应该呈S形变化。由于形似英文字母“S”，S形曲线因此而得名。

（三）“香蕉”形曲线比较法

“香蕉”形曲线是由两条S形曲线组合成的闭合曲线。从S形曲线比较法中得知，按某一时间开始的施工项目的进度计划，其计划实施过程中进行时间与累计完成任务量的关系都可以用一条S形曲线表示。一个施工项目的网络计划，在理论上总是分为最早和最迟两种开始与完成时间的。因此，一般情况下，任何一个施工项目的网络计划，都可以绘制出两条曲线：其一是计划以各项工作的最早开始时间安排进度而绘制的S形曲线，称为ES曲线；其二是计划以各项工作的最迟开始时间安排进度，而绘制的S形曲线，称为LS曲线。两条S形曲线都是从计划的开始时刻开始和完成时刻结束，因此两条曲线是闭合的。一般情况，其余时刻

ES曲线上的各点均落在LS曲线相应点的左侧，形成一个形如“香蕉”的曲线，故此称为“香蕉”形曲线。

第四节　建筑工程项目进度计划的调整

一、建筑工程进度计划的调整内容

通常，建筑工程进度计划需要及时进行调整，调整的内容包括：调整关键线路的长度；调整非关键工作时差；增减工作项目；调整逻辑关系；重新估计某些工作的持续时间；对资源的投入作相应调整。对于以上六项调整内容，可以只调整一项，也可以同时调整多项，还可以将几项结合起来调整。例如，将工期与资源、工期与成本、工期资源及成本结合起来调整，以求综合效益最佳。只要能达到预期目标，调整越少越好。

（一）调整关键线路长度

当关键线路的实际进度比计划进度提前时，首先要确定是否对原计划工期予以缩短。如果不予缩短，可以利用这个机会降低资源强度或费用，方法是选择后续关键工作中资源占用量大的或直接费用高的予以适当延长，延长的长度不应超过已完成的关键工作提前的时间量；如果是要提前完成的关键线路，并导致整个计划工期的缩短，则应将计划的未完成部分作为一个新计划，重新进行计算与调整，再按新的计划执行，并保证新的关键工作按新的计划时间完成。

当关键线路的实际进度比计划进度落后时，计划调整的任务是采取措施把失去的时间抢回来，于是应在未完成的关键线路中选择资源强度小的予以缩短，重新计算未完成部分的时间参数，按新参数执行。这样做有利于减少赶工费用。

（二）调整非关键工作时差

时差调整的目的是更充分地利用资源，降低成本，满足施工需要，时差调整幅度不得大于计划总时差值。每次调整均需进行时间参数计算，从而观察这次调整对计划全局的影响。调整的方法有三种：在总时差范围内移动工作的起止时间；延长非关键工作的持续时间；缩短非关键工作的持续时间。三种方法的前提均是降低资源强度。

（三）增减工作项目

工作项目的增减均不应打乱原网络计划总的逻辑关系。由于增减工作项目只能改变局部的逻辑关系，此局部改变不影响总的逻辑关系。增加工作项目，只是对原遗漏或不具体的逻辑关系进行补充；减少工作项目，只是对提前完成了的工作项目或原不应设置而设置了的工作项目予以删除。只有这样才是真正调整而不是“重编”。增减工作项目之后应重新计算时间参数，以分析此调整是否对原网络计划工期有影响，如有影响，应采取措施消除。

（四）调整逻辑关系

逻辑关系调整的原因必须是施工方法或组织方法改变，但一般来说，只能调整组织关系，而工艺关系不宜调整，以免打乱原计划。调整逻辑关系是以不影响原定计划工期和其他工作的顺序为前提的。调整的结果绝对不应形成对原计划的否定。

（五）重新估计某些工作的持续时间

持续时间调整的原因应是原计划有误或实现条件不充分。调整的方法是重新估算。调整后应重新计算网络计划的时间参数，以观察对总工期的影响。

（六）对资源的投入作相应调整

资源的调整应在资源供应发生异常时进行。所谓异常，即因供应满足不了需要（中断或强度降低），影响了计划工期的实现。资源调整的前提是保证工期或使工期适当，故应进行适当的工期—资源优化，从而使调整取得较好的效果。

二、建筑工程进度计划的调整过程

在建筑工程项目进度实施过程中，一旦发现实际进度偏离计划进度，即出现进度偏差，必须认真分析产生偏差的原因及其对后续工作和总工期的影响，要采取合理、有效的纠偏措施对进度计划进行调整，确保进度总目标的实现。

（一）分析进度偏差产生的原因

通过建筑工程项目实际进度与计划进度的比较，发现进度偏差，为了采取有效的纠偏措施调整进度计划，必须进行深入而细致的调查，分析产生进度偏差的原因。

（二）分析进度偏差对后续工作和总工期的影响

当查明进度偏差产生的原因之后，要进一步分析进度偏差对后续工作和总工期的影响程度，以确定是否应采取措施进行纠偏。

（三）采取纠偏措施调整进度计划

采取纠偏措施调整进度计划，应以后续工作和总工期的限制条件为依据，确保要求的进度目标得以实现。

（四）实施调整后的进度计划

进度计划调整之后，应执行调整后的进度计划，并继续检查其执行情况，进行实际进度与计划进度的比较，不断循环此过程。

三、分析进度偏差的影响

通过前述的进度比较方法，当判断出现进度偏差时，应当分析该偏差对后续工作和对总工期的影响。

（一）分析出现进度偏差的工作是否为关键工作

若出现偏差的工作是关键工作，则无论偏差大小，都对后续工作及总工期产生影响，必须采取相应的调整措施；若出现偏差的工作不是关键工作，需要根据偏差值与总时差和自由时差的大小关系，确定对后续工作和总工期的影响程度。

（二）分析进度偏差是否大于总时差

若工作的进度偏差大于该工作的总时差，说明此偏差必将影响后续工作和总工期，必须采取相应的调整措施。若工作的进度偏差小于或等于该工作的总时差，说明此偏差对总工期无影响，但它对后续工作的影响程度，需要根据比较偏差与自由时差的情况来确定。

（三）分析进度偏差是否大于自由时差

若工作的进度偏差大于该工作的自由时差，说明此偏差对后续工作产生影响，应该如何调整，应根据后续工作允许影响的程度而定。若工作的进度偏差小于或等于该工作的自由时差，则说明此偏差对后续工作无影响，因此，原进度计划可以不作调整。

经过如此分析，进度控制人员可以确认应该调整产生进度偏差的工作和调整偏差值的大小，以便确定采取调整措施，获得符合实际进度情况和计划目标的新进度计划。

四、施工项目进度计划的调整方法

在对实施的进度计划分析的基础上，应确定调整原计划的方法，一般主要有以下两种调整方法。

（一）改变某些工作间的逻辑关系

若检查的实际施工进度产生的偏差影响了总工期，在工作之间的逻辑关系允许改变的条件下，可改变关键线路和超过计划工期的非关键线路上的有关工作之间的逻辑关系，达到缩短工期的目的。

用这种方法调整的效果是很显著的，例如，可以把依次进行的有关工作改为平行施工或将工作划分成几个施工段组织流水施工，以达到缩短工期的目的。

（二）缩短某些工作的持续时间

这种方法不改变工作之间的逻辑关系，通过采取增加资源投入、提高劳动效率等措施缩短某些工作的持续时间，而使施工进度加快，并保证实现计划工期。一般情况下，我们选取关键工作压缩其持续时间。这种方法实际上就是网络计划优化中的工期优化方法和费用优化方法。

第三章　建筑工程项目质量管理

第一节　建筑工程项目质量管理概述

一、质量和工程质量

（一）质量

质量的定义是“一组固有特性满足要求的程度”。其含义可从以下四方面来理解：

（1）质量不仅指产品质量，也可以是某项活动或过程的工作质量，还可以是质量管理体系运行的质量。质量是由一组固有特性组成，这些固有特性是指满足顾客和其他相关方的要求的特性，并由其满足要求的程度加以表征。

（2）质量特性是固有的特性，并通过产品、过程或体系设计和开发及其后之实现过程形成的属性。固有的意思是指在某事或某物中本来就有的，尤其是那种永久的特性。赋予的特性（如某一产品的价格）并非是产品、过程或体系的固有特性，不是它们的质量特性。

（3）特性是指可区分的特征。特性可以是固有的或赋予的，可以是定性的或定量的。特性有各种类型，如物质特性（机械的、电的、化学的或生物的特性）、观感特性（嗅觉、触觉、味觉、视觉及感觉控测的特性）、行为特性（礼貌、诚实、正直）、人体工效特性（语言或生理特性、人身安全特性）、功能特性（飞机的航程、速度等）。

（4）满足要求就是应满足明示的（如合同、规范、标准、技术、文件、图纸中明确规定的）通常隐含的（如组织的惯例、一般习惯）或必须履行的（如法律、法规、行业规则）需要和期望。满足要求的程度反映为质量的好坏。对质量的要求除考虑满足顾客的需要外，还应考虑其他相关方及组织自身利益、提供原材料和零部件等的供方的利益和社会的利益等多种需求。例如，需考虑安全性、环境保护、节约能源等外部的强制要求。只有全面满足这些要求，才能评定为好的质量或优秀的质量。

（5）顾客和其他相关方对产品、过程或体系的质量要求是动态的、发展的和相对的。质量要求随着时间、地点、环境的变化而变化。如随着技术的发展、生活水平的提高，人们对产品、过程或体系会提出新的质量要求。因此，应定期评定质量要求、修订规范标准，不断开发新产品、改进老产品，以满足已变化的质量要求。

（二）工程项目质量

工程项目质量是指工程项目满足业主需要的，符合国家法律、法规、技术规范标准、设计文件及合同规定的特性综合。工程项目质量的特性主要表现在六个方面：

（1）适用性即功能，是指工程项目满足使用目的的各种性能。包括物理性能、化学性能、使用性能和外观性能等。

（2）耐久性即寿命，是指工程项目在规定的条件下，满足规定功能要求使用的年限，也就是工程竣工后的合理使用寿命周期。

（3）安全性，是指工程项目建成后在使用过程中保证结构安全、保证人身和环境免受危害的程度。

（4）可靠性，是指工程项目在规定的时间和规定的条件下完成规定功能的能力。

（5）经济性，是指工程项目从规划、勘察、设计、施工到整个产品使用寿命周期内的成本和消耗的费用。

（6）与环境的协调性，是指工程项目与其周围生态环境协调，与所在地区经济环境协调以及与周围已建工程相协调，以适应可持续发展的要求。

上述六个方面的质量特性彼此之间是相互依存的，总体而言，适用、耐久、安全、可靠、经济、与环境适应性，都是必须达到的基本要求，缺一不可。

但是对于不同门类、不同专业的工程，可根据其所处的特定地域环境条件、技术经济条件的差异，有不同的侧重面。

二、工程项目质量因素

影响工程项目的因素很多，但归纳起来主要有五个方面，即人（Man）、材料（Material）、机械（Machine）、方法（Method）和环境（Environment），简称为4M1E因素。

（一）人员素质

人是生产经营活动的主体，工程建设的全过程，如项目的规划、决策、勘察、设计和施工，都是通过人来完成的。规划是否合理，决策是否正确，设计是否符合所需要的质量功能，施工能否满足合同、规范、技术标准的需要等，都将对工程质量产生不同程度的影响，所以人员素质是影响工程质量的一个重要因素。

（二）工程材料

工程材料泛指构成工程实体的各类建筑材料、构配件、半成品等，它是工程建设的物质条件，是工程质量的基础。工程材料选用是否合理、产品是否合格、材质是否经过检验、保管使用是否得当等，都将直接影响建设工程的结构刚度和强度，影响工程外表及观感，影响工程的使用功能，影响工程的使用安全。

（三）机械设备

机械设备可分为两类：

一是指组成工程实体及配套的工艺设备和各类机具，如电梯、泵机、通风设备等，它们构成了建筑设备安装工程或工业设备安装工程，形成完整的使用功能。

二是指施工过程中使用的各类机具设备，包括运输设备、操作工具、施工安全设施、测量仪器和计量器具等。施工机具设备的类型是否符合工程施工特点，性能是否先进、稳定，操作是否方便安全等，都会影响工程项目的质量。

（四）工艺方法

工艺方法是指施工现场采用的施工方案，包括技术方案和组织方案。在工程施工中，施工方案是否合理，施工工艺是否先进，施工操作是否正确，都将对工程质量产生重大的影响。大力推进采用新技术、新工艺、新方法，不断提高工艺技术水平，是保证工程质量稳定提高的重要因素。

（五）环境条件

环境条件是指对工程质量特性起重要作用的环境因素，包括工程技术环境，如工程地质、水文、气象等；工程作业环境，如施工环境作业面大小、防护设施、通风照明和通讯条件等；工程管理环境，主要指工程实施的合同结构与管理关系的确定，组织体制及管理制度等；周边环境，如工程邻近的地下管线、建（构）筑物等。环境条件往往对工程质量产生特定的影响。加强环境管理，改进作业条件，把握好技术环境，辅以必要的措施，是控制环境对质量影响的重要保证。

三、质量管理的发展

质量管理指在质量方面指挥和控制组织的协调的活动。质量管理是企业管理的有机组成部分，它的发展是随着企业管理的发展而发展的。从工业发达国家的质量管理实践来看，大体上经历了四个阶段。

（一）质量检验阶段

其主要特点是全数检验和事后把关，针对产品质量进行检验。将生产活动与检验活动分开，这是工业生产的一大进步，大大提高了产品质量。但是，单纯的质量检验有很多局限性。一方面，设计人员往往不管经济合理性而片面追求产品的技术性；另一方面，生产人员只管按技术标准加工，很少考虑控制和可靠问题；另外，检验人员的工作只是单纯地把关。上述三方面工作的脱节，造成产品生产与检验信息中断，无法找出影响产品质量的原因，不利于产品质量的进一步提高。

（二）统计质量管理阶段

其主要特点是，运用统计方法找出质量波动的规律，从而着眼于事中的控制。统计质量控制的对象由对产品质量的消极检验变为对工序质量的积极控制，由原先的事后把关变为预测质量问题的发生并实现加以预防的观念，大大提高了产品质量。但是，由于人们过于强调数理统计的作用，忽视了有关方法的普及推广和组织管理工作，使有些人误认为质量管理就是数理统计的方法，是统计学家的事，与自己无关，影响了质量管理工作的普及和推广。

（三）全面质量管理阶段

全面质量管理是指一个组织以质量为中心，以全员参与为基础，目的在于通过让顾客满意和本组织所有成员及社会受益而达到长期成功的管理途径。全面质量管理认为数理统计方法只不过是质量管理的一种手段，单纯进行生产控制远远不能满足提高质量的要求，重要的是提高生产者的操作水平和质量意识，使人们关心质量，并积极地参与质量管理活动。产品质量形成于生产的各个阶段，质量管理必须拓宽工作范围。同时，质量是和成本联系在一起的，是指在一定条件下的高质量，离开经济追求质量是没有意义的。我们不能仅仅把质量管理作为一种方法，更重要的是应树立质量意识，把质量管理作为提高人员素质、提高工作水平的手段去抓。可见，全面质量管理是质量管理思想方法上的一次革命，它并不等同于质量管理，它是质量管理的更高境界。

全面质量管理的基本观点有四个：第一，全面管理的观点。所谓全面管理，是要贯彻"全过程管理""全企业管理""全员管理"的管理原则。第二，为用户服务的观点。凡是接受和使用本企业产品的单位和个人，都是企业的用户。在企业内部，凡是接收上道工序进行继续生产（施工）的下道工序，就是上道工序的用户。企业要把使用户满意和满足用户需要放在第一位。第三，预防为主的观点。好的产品是生产出来的，而不是检查出来的。因此，在全面质量管理中要抓生产过程的质量控制，把质量事故消灭在萌芽状态，预防和避免低质产品（工程）的产生。第四，一切用数据说话的观点。数据是质量管理的基础，是科学的依据。"一切用数据说话"要求管理者应用概率论和数理统计方法，对生产和施工中搜集和积累的大量反映客观实际的数据，进行科学的整理、分析，研究质量的波动情况，分析原因，采取针对性措施。

全面质量管理的基本工作方法是PDCA循环法，即按照计划（Plan）、实施（Do）、检查（Check）和处理（Action）四个阶段周而复始地进行质量管理。

通过一次次的循环，不断把质量管理活动推向新的高度，实现产品质量的持续改进。

（四）质量管理与质量标准的形成

以上三个阶段质量管理理论和实践的发展，促使世界各发达国家和企业纷纷制定出新的国家标准和企业标准，以适应全面质量管理的需要。这种做法促进了质量管理水平的提高，却也出现了各种各样的标准。近30年来，国际化的市场经济迅速发展，国际上的经济合作、依赖和竞争日益增强，国际范围内的社会化大生产越来越多。不少国家把提高进口产品质量作为限入奖出的保护手段，设置非关税贸易壁垒。不同的国家、企业要求在质量方面有共同的语言、统一的认识和共同遵守的规范。质量体系标准问世以来，在全球范围内得到广泛的采用，相当多的国家和地区表示欢迎，等同或等效采用该标准，指导企业开展质量工作。质量体系标准对推动组织的质量管理工作和促进国际贸易的发展发挥了积极的作用。质量管理和质量标准的概念和理论是在质量管理发展的三个阶段的基础上逐步形成的，是市场经济和社会化大生产的产物，是与现代生产规模、条件相适应的质量管理工作模式。

第二节　工程质量控制的统计分析方法

一、质量统计基本知识

（一）基本概念

1.随机现象与随机事件

在质量检验中，某一产品的检验结果可能优良、合格、不合格，这种事先不能确定结果的现象称为随机现象（或偶然现象）。随机现象并不是不可以认识的，人们通过大量重复的试验，可以找出其规律性。随机事件指每一种随机现象的表现结果，如某产品检验为“合格”“优良”等。随机事件的频率是衡量随机事件发生可能性大小的一种数量标志。在试验数据中，偶然事件发生的次数叫“频数”，它与数据总数的比值叫“频率”。频率的稳定值叫“概率”。

2.总体

总体也称母体，是所研究对象的全体。个体，是组成总体的基本元素。总体中含有个体的数目通常用N表示。在对一批产品质量做检验时，该批产品是总体，其中的每件产品是个体，这时N是有限的数值，则称之为有限总体。对生产过程进行检测时，应把整个生产过程过去、现在以及将来的产品视为总体。随着生产的进行N是无限的，称之为无限总体。实践中一般把从每件产品检测得到的某一质量数据（强度、几何尺寸、重量等），即质量特性值视为个体，产品的全部质量数据的集合即为总体。

3.样本

样本也称子样，是从总体中随机抽取出来，并根据对其研究结果推断总体质量特征的那部分个体。被抽中的个体称为样品，样品的数目称为样本容量，用n表示。样本的各种属性都是总体特征的反映。

4.统计推断工作过程

质量统计推断工作是运用质量统计方法在生产过程中或一批产品中，随机抽取样本，通过对样品进行检测和整理加工，从中获得样本质量数据信息，并以此为依据，以概率数理统计为理论基础，对总体的质量状况作出分析和判断。

（二）质量数据的收集方法

1.全数检验

全数检验是对总体中的全部个体逐一观察、测量、计数、登记，从而获得对总体质量水平评价结论的方法。

2.随机抽样检验

抽样检验是按照随机抽样的原则，从总体中抽取部分个体组成样本，根据对样品进行检测的结果，推断总体质量水平的方法。

（1）简单随机抽样。简单随机抽样又称单纯随机抽样、完全随机抽样，是对总体不进行任何加工，直接进行随机抽样，获取样本的方法。这种方法常用于总体差异不大或对总体了解甚少的情况。

（2）分层抽样。分层抽样又称分组抽样，是先将总体分为若干层，然后在每层中随机抽取样品组成样本的方法。

（3）系统随机抽样。又称机械随机抽样、等距抽样，是随机抽取第一个样本，再每隔一定的时间或空间抽取一个样本的方法。如在流水作业线上每生产100件产品抽出一件产品作为样品，直到抽出n件产品组成样本。

（4）整群抽样。整群抽样一般是将总体按自然存在的状态分为若干群，并从中抽取样品群组成样本，然后在中选群内进行全数检验的方法。

（5）多阶段抽样。多阶段抽样又称多级抽样，是将各种单阶段抽样方法结合使用，通过多次随机抽样来实现的抽样方法。

（三）质量数据的分类

质量数据是指由个体产品质量特性值组成的样本（总体）的质量数据集，在统计上称为变量；个体产品质量特性值称变量值。根据质量数据的特点，可以将其分为计量值数据和计数值数据。

1.计量值数据

计量值数据是指可以连续取值的或者说可以用测量工具具体测量出小数点以下数值的数据。计量值数据属于连续型变量，其特点是在任意两个数值之间都可以取精度较高一级的数值。这类数据通常由测量得到，如几何尺寸、重量、化学成分、温度、产量、强度、标高、位移等。此外，一些属于定性的质量特性，可由专家主观评分、划分等级而使之数量化，得到的数据也属于计量值数据。

2.计数值数据

计数值数据是指不能连续取值的，或者说即使使用测量工具也得不到小数点以下的数据，而只能按0，1，2，3等自然数取值计数的数据。计数值数据属于离散型变量，一般由计数得到，如不合格品数、疵点数、缺陷数等。计数值数据又分为计件值数据和计点值数据。

（1）计件值数据，表示具有某一质量标准的产品个数，如总体中合格品数、一级品数。

（2）计点值数据，表示个体（单件产品、单位长度、单位面积、单位体积等）上的缺陷数、质量问题点数等。如检验钢结构构件涂料涂装质量时，构件表面的焊渣、焊疤、油污、毛刺的数量等。当数据以百分比表示时，要判断它是计量值数据还是计数值数据，应取决于给出数据的计算公式的分子。

（四）质量样本数据的特征值

样本数据特征值是由样本数据计算的描述样本质量数据波动规律的指标；统计推断就是根据这些样本数据特征值来分析、判断总体的质量状况。常用的有描述数据分布集中趋势的算术平均数、中位数和描述数据分布离中趋势的极差、标准偏差、变异系数等。

1.描述数据集中趋势的特征值

（1）算术平均数又称均值，是消除了个体之间个别偶然的差异，显示出所有个体共性和数据一般水平的统计指标。它由所有数据计算得到，是数据的分布中心，对数据的代表性好。

（2）样本中位数是将样本数据按数值大小有序排列后，处在数列中间位置的数值。当样本数n为奇数时，取数列中间的一个数为中位数；当样本数n为偶数时，则取中间两个数的平均值作为中位数。

2.描述数据离中趋势的特征值

（1）极差是数据中最大值与最小值之差，是用数据变动的幅度来反映其分散状况的特征值。极差计算简单、使用方便，但粗略，数值仅受两个极端值的影响，损失的质量信息多，不能反映中间数据的分布和波动规律，仅适用于小样本。

（2）标准偏差简称标准差或均方差，是个体数据与均值离差平方和的算术平均数的算术根，是大于0的正数。总体的标准差用σ false表示；样本的标准差用S表示。标准差值越小，说明数据分布集中程度越高，离散程度越小，均值对总体（样本）的代表性越好，产品质量越稳定。

（3）变异系数又称离散系数，是用标准差除以算术平均数得到的相对数。它表示数据的相对离散波动程度。变异系数小，说明分布集中程度高，离散程度小，均值对总体（样本）的代表性好。由于消除了数据平均水平不同的影响，变异系数适用于均值有较大变异的总体之间离散程度的比较。

（五）利用数理统计的方法控制质量的步骤

（1）收集质量数据。

（2）数据整理。

（3）进行统计分析，找出质量波动的规律。

（4）判断质量状况，找出质量问题。

（5）分析影响质量的原因。

（6）拟订改进质量的对策、措施。

二、质量控制常用的数理统计分析方法

（一）调查表法

调查表法又称调查分析法，是利用专门设计的调查表（分析表）对质量数据进行收集、整理和粗略分析质量状态的一种方法。在质量控制活动中，利用调查表收集数据，简便灵活，便于整理，实用有效。此方法应用广泛，但没有固定格式，可根据实际需要和具体情况，设计出不同的调查表。常用的调查法有分项工程作业质量分布调查表、不合格项目调查表、不合格原因调查表、施工质量检查评定用调查表等。

应当指出，调查表往往同分层法结合起来应用，可以更好、更快地找出出现问题的根源，以便采取改进的措施。

（二）分层法（Stratification）

分层法又叫分类法、分组法。它是将调查收集的原始数据，根据不同的目的和要求，按某一性质进行分组、归类和整理的分析方法。分层的目的在于把杂乱无章和错综复杂的数据和意见加以归类汇总，以使数据层间的差异突出地显示出来，层内的数据差异减少。在此基础上再进行层间、层内的比较分析，可以更深入地发现和认识产生质量问题的原因。

分层的原则是使同一层内的数据波动（或意见差异）幅度尽可能小，而层与层之间的差别尽可能大。由于产品质量是多方面因素共同作用的结果，因而对同一批数据，可以按不同性质分层，以便从不同角度来考虑、分析产品存在的质量问题和影响因素。分层的方法很多，常用的有：

（1）按操作班组或操作者分层。

（2）按使用机械设备型号分层。

（3）按操作方法分层。

（4）按原材料规格、供应单位、供应时间或等级分层。

（5）按施工时间分层。

（6）按检查手段、工作环境等分层。

分层法是质量控制统计分析方法中最基本的一种方法。其他统计方法一般都要与分层法配合使用，如调查表法、排列图法、直方图法、控制图法、相关图法、因果图法等，常常是首先利用分层法将原始数据分类，然后再进行统计分析的。

（三）排列图法

排列图法是利用排列图寻找影响质量主次因素的一种有效方法。排列图又叫巴雷特图或主次因素分析图，它由两个纵坐标、一个横坐标、几个连起来的直方形和一条曲线所组成。左侧的纵坐标表示频数或件数，右侧纵坐标表示累计频率，横坐标表示影响质量的因素或项目，按影响程度大小（频数）从左至右排列，直方形的高度示意某个因素的影响大小（频数）。实际应用中，通常按累计频率划分为0%～80%、80% ～90%、90%～100%三部分，与其对应的影响因素分别为A、B、C三类。A类为主要因素，B类为次要因素，C类为一般因素。根据右侧纵坐标，画出累计频率曲线，又称巴雷特曲线。

1.排列图的做法

（1）首先收集混凝土构件尺寸各项目不合格点的数据资料。各项目不合格点出现的次数即频数。然后对数据资料进行整理，将不合格点较少的轴线位置、预埋设施中心位置、预留孔洞中心位置三项合并为“其他”项。按不合格点的频数由大到小顺序排列各检查项目，“其他”项排在最后。以全部不合格点数为总数，计算各项的频率和累计频率。

（2）排列图的绘制。

①画横坐标。将横坐标按项目数等分，并按项目频数由大到小、从左至右排列。

②画纵坐标。左侧的纵坐标表示项目不合格点数即频数，右侧纵坐标表示累计频率。要求总频数对应累计频率100%。

③画频数直方形。以频数为高画出各项目的直方形。

④画累计频率曲线。从横坐标左端点开始，依次连接各项目直方形右边线及所对应的累计频率值的交点，所得的曲线即为累计频率曲线。

⑤记录必要的事项。如标题、收集数据的方法和时间等。

2.排列图的观察与分析

（1）观察直方形，大致可看出各项目的影响程度。排列图中的每个直方形都表示一个质量问题或影响因素。影响程度与各直方形的高度成正比。

（2）利用ABC分类法，确定主次因素。将累计频率曲线按0~80%、80%~90%、90%~100%分为三部分，各曲线下面所对应的影响因素分别为A、B、C三类因素。该例中A类即主要因素是表面平整度、截面尺寸（梁、柱、墙板、其他构件），B类即次要因素是平面水平度，C类即一般因素有垂直度、标高和其他项目。综上分析结果，下一步应重点解决A类质量问题。

（四）因果分析图

又称为树枝图或鱼刺图，是一种逐步深入研究和讨论质量问题的图示方法。运用因果分析图可以帮助我们制定对策，解决工程质量上存在的问题，从而达到控制质量的目的。由图可见，因果分析图由质量特性（即质量结果指某个质量问题）、要因（产生质量问题的主要原因）、枝干（指一系列箭线表示不同层次的原因）、主干（指较粗的直接指向质量结果的水平箭线）等组成。

在工程实践中，任何一种质量问题的产生，往往是多种原因造成的。这些原因有大有小，把这些原因依照大小次序分别用主干、大枝、中枝和小枝图形表示出来，便可一目了然地系统观察出产生质量问题的原因。因果分析图的绘制步骤与图中箭头方向恰恰相反，是从结果开始将原因逐层分解的。具体步骤如下：

（1）明确质量问题（结果）。作图时首先由左至右画出一条水平主干线，箭头指向一个矩形框，框内注明研究的问题，即结果。

（2）分析确定影响质量特性大的方面原因。一般来说，影响质量因素有五大方面，即人、机械、材料、方法、环境等。另外还可以按产品的生产过程进行分析。

（3）将每种大原因进一步分解为中原因、小原因，直至分解的原因可以采取具体措施加以解决为止。

（4）检查图中的所列原因是否齐全，可以对初步分析结果广泛征求意见，并做必要的补充及修改。

（5）从最高层次的原因中选取和识别少量看起来对结果有最大影响的原因，做出标记“△”，以便对它们做进一步的研究，如收集资料、论证、试验、控制等。

（五）直方图法

直方图又称频数分布直方图、质量分布图、矩形图。它是将收集到的质量数据进行分组整理，绘制成频数分布直方图，用以描述质量分布状态的一种分析方法，因此又称质量分布图法。通过直方图的观察与分析，可了解产品质量的波动情况，掌握质量特性的分布规律，以便对质量状况进行分析判断。同时可通过质量数据特征值的计算，估算施工生产过程总体的不合格率，评价过程能力等。但其缺点是不能反映动态变化，而且要求收集的数据较多（50～100个或更多），否则难以体现其规律。

1.直方图的绘制

直方图由一个纵坐标、一个横坐标和若干个长方形组成。横坐标为质量特性，纵坐标是频数时，直方图为频数直方图；纵坐标为频率时，直方图为频率直方图。

（1）收集整理数据。用随机抽样的方法抽取数据，一般要求数据在50个以上。

（2）计算极差R。极差R是数据中最大值和最小值之差。

（3）对数据分组，包括确定组数、组距和组限。

①确定组数。确定组数的原则是分组的结果能正确地反映数据的分布规律。组数应根据数据多少来确定。若组数取得太少，则数据集中于少数组内，会掩盖了数据间的差异；若组数取得太多，组内数据少，使数据过于零乱分散，作出的直方图过于分散，也不能显示出质量分布状况。

②确定组距。组距是组与组之间的间隔。各组距应相等。

③确定组界。为了避免某些数据正好落在组界上，应将组界取得比数据多一位小数。

④编制数据频数统计表。

⑤绘制频率分布直方图。

2.直方图的观察分析

（1）直方图图形分析。直方图形象直观地反映了数据分布情况，通过对直方图的观察分析可以看出生产是否稳定及其质量的情况。常见的直方图典型形状有以下六种：

①对称型：中间为峰，两侧对称分散者为对称型。这是工序稳定、正常时的分布状况。

②锯齿型：出现直方锯齿状情况。这种情况可能是测量上的缺陷或读数有问题，或者因为作频数统计时，由于分组不当所引起的。

③孤岛型：直方图旁出现孤立小直方。这表明生产有某种异常。可能是加工条件有变动、原料变化设备故障或操作不熟练等引起的。

④双峰型：直方图呈现两个顶峰。这往往是两种不同的分布混在一起的结果。如两台不同的机床所加工的零件所造成的差异。

⑤偏向型：直方的顶峰偏向一侧。这是由于加工习惯造成的，如加工孔时，孔的尺寸往往偏小，留有余量，便于扩孔。

⑥平顶型：直方图高矮相差不多呈平顶状。通常是由于生产过程中某种缓慢的倾向在起作用，如工具的磨损及操作者的疲劳等影响。

（2）对照标准分析比较。当工序处于稳定状态时，还需要进一步将直方图与规格标准进行比较，以判定工序满足标准要求的程度。其主要方法是分析直方图的平均值X与质量标准中心μ的重合程度，比较直方图的分布范围同公差范围的关系。对照直方图图形可以看出实际产品分布与实际要求标准的差异。

①正常状态：直方居中，两侧有余，平均值恰好与公差中心重合。这种直方图能满足公差要求，又有一定的余地，即使质量有一点波动也不会超出公差范围，表明工序完全处于正常状态。

②直方偏向公差一侧，分布范围虽然落在公差范围内，但质量分布中与中心不重合，偏向一边。这样如果生产状态一旦发生变化，就可能超出质量标准下限而出现不合格品；出现这种情况时应迅速采取措施，使直方图移到中间来。

③直方居中，两侧无余，直方两侧与公差界限重合，随时都有超出公差的可能，必须采取措施，提高工序能力。

④直方居中，两侧过余，公差范围过分大于实际分布范围。这时应考虑经济效益，可以采取改变工艺，降低精度或缩小公差等措施。

⑤直方偏向，一侧出界，实际分布范围过分偏离中心，已有一部分产品出了废品。应立即采取措施，使平均值移向公差中心。

⑥直方居中，两侧出界，直方图的分布范围太大，生产不断有废品出现，应立即采取措施缩小分布范围或放宽公差界限。

（六）控制图法

1.控制图的基本形式及其用途

控制图又称管理图。它是在直角坐标系内画有控制界限，描述生产过程中产品质量波动状态的图形。利用控制图区分质量波动原因，判明生产过程是否处于稳定状态的方法称为控制图法。质量波动一般有两种情况：一种是偶然性因素引起的质量波动，称为正常波动；一种是系统性因素引起的波动则属于异常波动。质量控制的目标就是要查找异常波动的因素，并加以排除，使质量只受正常波动的影响，符合正态分布的规律。

（1）控制图的基本形式。横坐标为样本（子样）序号或抽样时间，纵坐标为被控制对象，即被控制的质量特性值。控制图上一般有三条线：在上面的一条虚线称为上控制界限，用符号UCL表示；在下面的一条虚线称为下控制界限，用符号LCL表示；中间的一条实线称为中心线，用符号CL表示。中心线标志着质量特性值分布的中心位置，上、下控制界限标志着质量特性值允许波动范围。在生产过程中通过抽样取得数据，把样本统计量描在图上来分析判断生产过程状态。如果点子随机地落在上、下控制界限内，则表明生产过程正常处于稳定状态，不会产生不合格品；如果点子超出控制界限或点子排列有缺陷，则表明生产条件发生了异常变化，生产过程处于失控状态。

（2）控制图的用途。控制图是用样本数据来分析判断生产过程是否处于稳定状态的有效工具。它的用途主要有两个：

①过程分析，即分析生产过程是否稳定。为此，应随机连续收集数据，绘制控制图，观察数据点分布情况并判定生产过程状态。

②过程控制，即控制生产过程质量状态。为此，要定时抽样取得数据，将其变为点子描在图上，发现并及时消除生产过程中的失调现象，预防不合格品的产生。

前述排列图法、直方图法是质量控制的静态分析法，反映的是质量在某一时间段的静止状态。然而产品都是在动态的生产过程中形成的，因此，在质量控制中单用静态分析法显然是不够的，还必须有动态分析法。只有通过动态分析法，才能随时了解生产过程中质量的变化情况，及时采取措施，使生产处于稳定状态，起到预防出现废品的作用。控制图就是典型的动态分析法。

2.控制图的观察与分析

绘制控制图的目的是分析判断生产过程是否处于稳定状态。这主要通过对控制图上点子的分布情况的观察与分析进行。因为控制图上点子作为随机抽样的样本，可以反映出生产过程（总体）的质量分布状态。当控制图同时满足以下两个条件：一是点子几乎全部落在控制界限之内；二是控制界限内的点子排列没有缺陷。我们就可以认为生产过程基本上处于稳定状态。如果点子的分布不满足其中任何一条，都应判断生产过程为异常。

（1）点子几乎全部落在控制界线内，是指应符合下述三个要求：

①连续25点以上处于控制界限内；

②连续35点中仅有1点超出控制界限；

③连续100点中不多于2点超出控制界限。

（2）点子排列没有缺陷，是指点子的排列是随机的，而没有出现异常现象。这里的异常现象是指点子排列出现了“链”“多次同侧”“趋势或倾向”“周期性变动”“接近控制界限”等情况。

①链。是指点子连续出现在中心线一侧的现象。出现五点链，应注意生产过程发展状况；出现六点链，应开始调查原因；出现七点链，应判定工序异常，需采取处理措施。

②多次同侧。是指点子在中心线一侧多次出现的现象，或称偏离。下列情况说明生产过程已出现异常：在连续11点中有10点在同侧；在连续14点中有12点在同侧；在连续17点中有14点在同侧。

③趋势或倾向。是指点子连续上升或连续下降的现象。连续7点或7点以上上升或下降排列，就应判定生产过程有异常因素影响，要立即采取措施。

④周期性变动。即点子的排列显示周期性变化的现象。这样，即使所有点子都在控制界限内，也应认为生产过程为异常。

⑤点子排列接近控制界限。如属下列情况的判定为异常：连续3点至少有2点接近控制界限；连续7点至少有3点接近控制界限；连续10点至少有4点接近控制

界限。

以上是分析用控制图判断生产过程是否正常的准则。如果生产过程处于稳定状态，则把分析用控制图转为管理用控制图。分析用控制图是静态的，而管理用控制图是动态的。随着生产过程的进展，通过抽样取得质量数据，把点描在图上，随时观察点子的变化：一是点子落在控制界限外或界限上，即判断生产过程异常；点子即使在控制界限内，也应随时观察其有无缺陷，以对生产过程正常与否做出判断。

（七）相关图法

1.相关图法的用途

相关图又称散布图，就是把两个变量之间的相关关系，用直角坐标系表示出来，借以观察判断两个质量数据之间的关系，通过控制容易测定的因素达到控制不宜测定的因素的目的，以便对产品或工序进行有效的控制。质量数据之间的关系多属相关关系，一般有三种类型：一是质量特性和影响因素之间的关系；二是质量特性和质量特性之间的关系；三是影响因素和影响因素之间的关系。

我们可以用y和x分别表示质量特性值和影响因素，通过绘制散布图、计算相关系数等，分析研究两个变量之间是否存在相关关系，以及这种关系密切程度如何，进而对相关程度密切的两个变量，通过对其中一个变量的观察控制，去估计控制另一个变量的数值，以达到保证产品质量的目的。这种统计分析方法称为相关图法。

2.相关图的绘制方法

（1）收集数据。要成对地收集两种质量数据，数据不得过少。

（2）绘制相关图。在直角坐标系中，一般x轴用来代表原因的量或较易控制的量；y轴用来代表结果的量或不易控制的量。然后将数据中相应的坐标位置上描点，便得到散布图。

（3）相关图的观察与分析。相关图中点的集合，反映了两种数据之间的散布状况，根据散布状况我们可以分析两个变量之间的关系。归纳起来，有以下六种类型。

①正相关。散布点基本形成由左至右向上变化的一条直线带，即随着x值的增加，y值也相应增加，说明x与y有较强的制约关系。此时，可通过对x的控制而

有效控制y的变化。

②弱正相关。散布点形成向上较分散的直线带。随着x值的增加，y值也有增加趋势、但x、y的关系不像正相关那么明确。说明y除受x影响外，还受其他更重要因素的影响。需要进一步利用因果分析图法分析其他的影响因素。

③不相关。散布点形成一团或平行于x轴的直线带。说明x变化不会引起y的变化或其变化无规律，分析质量原因时可排除x因素。

④负相关。散布点形成由左向右向下的一条直线带。说明x对y的影响与正相关恰恰相关。

⑤弱负相关。散布点形成由左至右向下分布的较分散的直线带。说明x与y的相关关系较弱，且变化趋势相反，应考虑寻找影响y的其他更重要的因素。

⑥非线性相关。散布点成一曲线带，即在一定范围内x值增加，y值也增加；超过这个范围，x值增加，y值则有下降趋势或改变变动的斜率呈曲线形态。

第三节　工程项目施工的质量控制

一、施工项目质量控制概述

（一）施工项目质量控制的特点

1.影响因素多

如决策、设计、材料、机具设备、施工方法、施工工艺、技术措施、人员素质、工期、工程造价等，这些因素均直接或间接地影响工程项目的质量。

2.容易产生质量波动

建筑生产具有单件性、流动性，不像一般工业产品的生产那样，有固定的生产流水线，有规范化的生产工艺和完善的检测技术，有成套的生产设备和稳定的生产环境，所以工程质量容易产生波动且波动大。同时影响施工项目质量的偶然性因素和系统性因素比较多，任一因素发生变动，都会使工程项目质量产生波动。如材料规格品种使用错误、施工方法不当、操作未按规程进行、机械设备过度磨损或出现故障等，都会发生质量波动，产生系统因素的质量变异，造成工程质量事故。为此，在施工中要严防出现系统性因素的质量变异，要把质量波动控制在偶然性因素范围内。

3.质量隐蔽性

建设工程在施工过程中，分项工程交接多，中间产品多、隐蔽工程多，因此质量存在隐蔽性。若在施工中不及时进行质量检查，事后只能从表面上检查，就很难发现内在的质量问题，这样就容易产生判断错误。

4.终检的局限性

工程项目建成后不可能像一般工业产品那样依靠终检来判断产品质量，或将产品拆卸、解体来检查其内在的质量，或对不合格零部件进行更换。工程项目的终检（竣工验收）无法进行工程内在质量的检验，发现隐蔽的质量缺陷。因此，工程项目的终检存在一定的局限性。这就要求工程质量控制应以预防为主，重视事先、事中控制，防患于未然。

5.评价方法的特殊性

工程质量的检查评定及验收是按检验批、分项工程、分部工程、单位工程进行的。检验批的质量是分项工程乃至整个工程质量检验的基础；检验批的合格质量主要取决于主控项目和一般项目经抽样检验的结果。工程质量是在施工单位按合格质量标准自行检查评定的基础上，由监理工程师组织有关单位和人员进行检验确认。这种评价方法体现了“验评分离、强化验收、完善手段、过程控制”的指导思想。

（二）施工项目质量控制的对策

施工项目质量控制就是为了确保合同、规范所规定的质量标准，所采取的一系列检测、监控措施、手段和方法。为确保工程质量，施工项目质量控制过程中的主要对策如下：

（1）以人的工作质量确保工程质量。

（2）严格控制投入品的质量。

（3）全面控制施工过程，重点控制工序质量。

（4）严把分项工程质量检验评定关。

（5）贯彻“以预防为主”的方针。

（6）严防系统性因素的质量变异。

（三）施工项目质量控制过程

任何工程都由分项工程、分部工程和单位工程组成，施工项目是通过一道道工序来完成的。因此，施工项目质量控制是从工序质量到分项工程质量、分部工程质量、单位工程质量的系统控制过程，也是一个由对投入原材料的质量控制开始，直到完成工程质量检验位置的全过程的系统过程。

（四）施工项目质量因素的控制

影响施工项目质量的因素主要有五大方面，即人员、材料、机械、方法、环境这五方面。事前对这五方面的因素严加控制，是保证施工项目质量的关键。这些控制包括人的控制、材料的控制、机械控制、方法控制、环境控制。

（五）施工项目质量控制阶段

为了加强对施工项目的质量控制，明确各施工阶段质量控制的重点，可把施工项目质量分为事前控制（施工准备的范围、内容）、事中控制（全面控制施工过程，方案验收、检查）和事后控制（竣工验收、项目后评价）三个阶段。

二、施工工序的质量控制

（一）工序质量控制的概念

工程项目的施工过程是由一系列相互关联、相互制约的工序所构成的，工序质量是工程项目整体质量的基础。工序质量包含两方面的内容：工序活动条件的质量；工序活动效果的质量。工序的质量控制，就是对工序活动条件的质量控制和工序活动效果的质量控制，据此来达到整个施工过程的质量控制。

（二）工序质量控制的内容

进行工序质量控制，应着重于以下四方面的工作：严格遵守工艺规程；主动控制工序活动条件的质量；及时检验工序活动效果的质量；设置工序质量控制点。质量控制点是指为了保证工序质量而需要进行控制的重点、关键部位、薄弱环节，以便在一定时期内、一定条件下进行强化管理，使工序处于良好状态。

（三）质量控制点的设置

质量控制点设置的原则，是根据工程的重要程度，即质量特性值对整个工程质量的影响程度来确定。为此，在设置质量控制点时，首先要对施工的工程对象进行全面分析、比较，以明确质量控制点；而后进一步分析所设置的质量控制点在施工中可能出现的质量问题或造成质量隐患的原因，针对隐患的原因，相应地提出应对措施予以预防。

质量控制点的涉及面较广，根据工程特点及其重要性、复杂性、精确性、质量标准和要求，可以是分部工程、分项工程、操作、材料、机械设备、施工顺序、技术参数、自然条件、工程环境等。

三、工程质量的政府监督管理

（一）工程质量政府监督管理体制和职能

1.监管管理体制

国务院建设行政主管部门对全国的建设工程质量实施统一监督管理，国务院铁路、交通、水利等有关部门按国务院规定的职责分工，负责对全国相关专业建设工程的质量实施监督管理。县级以上地方人民政府建设行政主管部门对本行政区域内的建设工程质量实施监督管理。县级以上地方人民政府交通、水利等有关部门在各自职责范围内，负责本行政区域内的专业建设工程质量的监督管理。

国务院发展计划部门按照国务院规定的职责，组织稽查特派员，对国家出资的重大建设项目实施监督检查。国务院经济贸易主管部门按国务院规定的职责，对国家重大技术改造项目实施监督检查。国务院建设行政主管部门和国务院铁路、交通、水利等有关专业部门、县级以上地方人民政府建设行政主管部门和其他有关部门，对有关建设工程质量的法律、法规和强制性标准执行情况加强监督检查。

县级以上政府建设行政主管部门和其他有关部门履行检查职责时，有权要求被检查的单位提供有关工程质量的文件和资料，有权进入被检查单位的施工现场进行检查，检查中发现工程质量存在问题时，有权责令改正。

政府的工程质量监督管理具有权威性、强制性、综合性的特点。

2.管理职能

（1）建立和完善工程质量管理法规。

（2）建立和落实工程质量责任制。

（3）建设活动主体资格的管理。

（4）工程承发包管理。

（5）控制工程建设程序。

（二）工程质量管理制度

近年来，我国建设行政主管部门先后颁发了多项建设工程质量管理制度，主要有：

1.施工图设计文件审查制度

施工图设计文件（以下简称施工图）审查是政府主管部门对工程勘察设计质量监督管理的重要环节。施工图审查是指国务院建设行政主管部门和省、自治区、直辖市人民政府建设行政主管部门委托依法认定的设计审查机构，根据国家法律、法规、技术标准与规范，对施工图进行结构安全和强制性标准、规范执行情况等进行的独立审查。

2.工程质量监督制度

国家实行建设工程质量监督管理制度。工程质量监督管理的主体是各级政府建设行政主管部门和其他有关部门。工程建设周期长、环节多、点多面广，工程质量监督工作是一项专业技术性强且很繁杂的工作，政府部门不可能一直进行日常检查工作。因此，工程质量监督管理由建设行政主管部门或其他有关部门委托的工程质量监督机构具体实施。工程质量监督机构是经省级以上建设行政主管部门或有关专业部门考核认定，具有独立法人资格的单位。它受县级以上地方人民政府建设行政主管部门或有关专业部门的委托，依法对工程质量进行强制性监督，并对委托部门负责。

（三）工程质量检测制度

工程质量检测工作是对工程质量进行监督管理的重要手段之一。工程质量检测机构是对建设工程、建筑构件、制品及现场所用的有关建筑材料、设备质量进行检测的法定单位。在建设行政主管部门领导和标准化管理部门指导下开展检测工作，其出具的检测报告具有法定效力。法定的国家级检测机构出具的检测报告，在国内为最终裁定，在国外具有代表国家的性质。

（四）工程质量保修制度

建设工程质量保修制度是指建设工程在办理交工验收手续后，在规定的保修期限内，因勘察、设计、施工、材料等原因造成的质量问题，要由施工单位负责维修、更换，由责任单位负责赔偿损失。质量问题是指工程不符合国家工程建设强制性标准、设计文件以及合同中对质量的要求。

建设工程承包单位在向建设单位提交工程竣工验收报告时，应向建设单位出具工程质量保修书，质量保修书中应明确建设工程保修范围、保修期限和保修责任等。

第四节　质量管理体系标准

一、ISO9000：2000族标准的构成

ISO9000：2000族标准由下列四部分组成：

（一）ISO9000：2000质量管理体系基础和术语

该标准提出了八项质量管理原则，表述了质量管理体系12项基础并规定了质量管理体系80个术语。

（二）ISO9001：2000质量管理体系要求

该标准规定了质量管理体系要求，用于证实组织具有提供满足顾客要求和适用的法规要求的产品的能力，目的在于增进顾客满意度。

（三）ISO9004：2000质量管理体系业绩改进指南

该标准以八项质量管理原则为导向，为组织提高质量管理体系的有效性和效率提供指南，目的是组织业绩改进和使顾客及其他相关方满意。

（四）ISO19011质量和（或）环境管理体系审核指南

该标准由国际标准化组织质量管理和质量保证技术分委员会与环境管理体系、环境审核与有关的环境调查分委员会联合制定。遵循“不同管理体系可以共同管理和审核要求”的原则，该标准对于质量管理体系和环境管理体系审核的基本原则、审核方案的管理、环境和质量管理体系审核的实施以及对环境和质量管理体系审核员的资格要求提供了指南。它适用于所有运行质量和/或环境管理体系的组织，指导其内审和外审的管理工作。

二、ISO9000：2000族标准八项质量管理原则

为了成功地领导和运作一个组织，需要采用一种系统和透明的方式进行管理。针对所有相关方的需求，实施并保持持续改进其业绩的管理体系，可使组织获得成功。为了确保质量目标的实现，明确了以下八项质量管理原则：

（一）以顾客为关注焦点

组织依存于顾客。因此组织应理解顾客当前和未来的需求，满足顾客要求并争取超越顾客期望。

（二）领导作用

领导者确立本组织统一的宗旨和方向。他们应该创造并保持使员工能充分参与实现组织目标的内部环境。

（三）全员参与

各级人员是组织之本，只有他们的充分参与，才能使他们的才干为组织获益。

（四）过程方法

将相关的活动和资源作为过程进行管理，可以更高效地得到期望的结果。

（五）管理的系统方法

识别、理解和管理作为体系的相互关联的过程，有助于组织实现其目标的效率和有效性。

（六）持续改进

组织总体业绩的持续改进应是组织的一个永恒目标。

（七）基于事实的决策方法

有效决策建立在数据和信息分析的基础上。

（八）与供方互利的关系

组织与其供方是相互依存的，互利的关系可增强双方创造价值的能力。

三、质量管理体系的建立、实施与认证

（一）质量管理体系的建立与实施

按照ISO9000：2000族标准建立或更新完善质量管理体系的程序，通常包括组织策划与总体设计、质量管理体系的文件编制、质量管理体系的实施运行等三个阶段。

1.质量管理体系的策划与总体设计

最高管理者应确保对质量管理体系进行策划，以满足组织确定的质量目标的要求及质量管理体系的总体要求，在对质量管理体系的变更进行策划和实施时，应保持管理体系的完整性。通过对质量管理体系的策划，确定建立质量管理体系要采用的过程方法模式，从组织的实际出发进行体系的策划和实施，明确是否有剪裁的需求并确保其合理性。ISO9001标准引言中指出“一个组织质量管理体系的设计和实施受各种需求、具体目标、所提供产品、所采用的过程以及该组织的规模和结构的影响，统一质量管理体系的结构或文件不是本标准的目的。”

2.质量管理体系文件的编制

质量管理体系文件的编制应在满足标准要求、确保控制质量、提高组织全面管理水平的情况下，建立一套高效、简单、实用的质量管理体系文件。质量管理体系文件包括质量手册、质量管理体系程序文件、质量记录等部分组成。

（1）质量手册。

①质量手册的性质和作用。质量手册是组织质量工作的“基本法”，是组织最重要的质量法规性文件，它具有强制性质。质量手册应阐述组织的质量方针，概述质量管理体系的文件结构反映组织质量管理体系的总貌，起到总体规划和加强各职能部门间协调作用。对组织内部，质量手册起着确立各项质量活动及其指导方针和原则的重要作用，一切质量活动都应遵循质量手册；对组织外部，它既能证实符合标准要求的质量管理体系的存在，又能向顾客或认证机构描述清楚质量管理体系的状况。同时质量手册是明确各类人员职责的良好管理工具和培训教材。质量手册便于克服员工流动对工作连续性的影响。质量手册对外提供了质量保证能力的说明，是销售广告有益的补充，也是许多招标项目所要求的投标必备文件。

②质量手册的编制要求。质量手册的编制应遵循“质量手册编制指南”的要求进行。质量手册应说明质量管理体系覆盖哪些过程和要素，每个过程和要素应开展哪些控制活动，对每个活动需要控制到什么程度，能提供什么样的质量保证等，都应做出明确的交代。质量手册提出的各项要素的控制要求，应在质量管理体系程序和作业文件中作出可操作实施的安排。质量手册对外不属于保密文件，为此编写时要注意适度，既要让外部看清楚质量管理体系的全貌，又不宜涉及控制的细节。

③质量手册的构成。质量手册一般有目次；批准页；前言；术语和缩写；质量手册的管理；质量方针和质量目标、组织机构与职责；管理过程（管理承诺、管理者代表、内部沟通、管理评审、文件控制、质量记录的控制）；资源管理过程（人力资源的提供与控制、基础设施的提供与维护、工作环境的改善与管理）；产品实现过程（实现过程的策划、与顾客有关的过程、设计和开发、采购控制、生产和服务的运作、测量和监控装置的控制）；测量、分析和改进（策划、测量和监控、不合格控制、数据分析、改进）部分构成，各组织可以根据实际需要，对质量手册的内容作必要的增删。

（2）质量管理体系程序文件。

①质量管理体系程序文件是质量管理体系的重要组成部分，是质量手册的具体展开和有力支撑。质量管理体系程序可以是质量管理手册的一部分，也可以是质量手册的具体展开。对于较小的企业，有一本包括质量管理体系程序的质量手册就足够；而对于大中型企业，在安排质量管理体系程序时，应注意各个层次文件之间的相互衔接关系，下一层的文件应有力地支撑上一层次文件。质量管理体系程序文件的范围和详略程度取决于组织的规模、产品类型、过程的复杂程度、方法和相互作用以及人员素质等因素。程序文件不同于一般的业务工作规范或工作标准所列的具体工作程序，而是对质量管理体系的过程方法所需开展的质量活动的描述。对每个质量管理程序来说，都应视需要明确何时、何地、何人、做什么、为什么、怎么做（即5W1H），应保留什么记录。质量管理体系程序的内容，按ISO9001：2000标准的规定，质量管理程序应至少包括下列六个程序：文件控制程序；质量记录控制程序；内部质量审核程序；不合格控制程序；纠正措施程序；预防措施程序。

②质量计划是对特定的项目、产品、过程或合同，规定由谁及何时应使用哪些程序相关资源的文件。质量手册和质量管理体系程序所规定的是各种产品都适用的通用要求和方法。但各种特定产品都有其特殊性，质量计划是一种工具，它将某产品、项目或合同的特定要求与现行的通用的质量管理体系程序相连接。质量计划在顾客特定要求和原有质量管理体系之间架起一座“桥梁”，从而大大提高了质量管理体系适应各种环境的能力。

质量计划在企业内部作为一种管理方法，使产品的特殊质量要求能通过有效的措施得以满足。在合同情况下，组织使用质量计划向顾客证明其如何满足特定合同的特殊质量要求，并作为顾客实施质量监督的依据。合同情况下如果顾客明确提出编制质量计划的要求，则组织编制的质量计划需要取得顾客的认可；一旦得到认可，组织必须严格按计划实施，顾客将用质量计划来评定组织是否能履行合同规定的质量要求。实施过程中组织对质量计划的较大修改都需征得顾客的同意。通常，组织对外的质量计划应与质量手册、质量管理体系程序一起使用，系统描述针对具体产品是如何满足GB/T19001—ISO9001的要求，质量计划可以引用手册或程序文件中的适用条款。产品（或项目）的质量计划是针对具体产品或项目）的特殊要求，以及应重点控制的环节所编制的对设计、采购、制造、检验、包装、运输等的质量控制方案。

（3）质量记录是“阐明所取得的结果或提供所完成活动的证据文件”。它是产品质量水平和企业质量管理体系中各项质量活动结果的客观反映，应如实加以记录，用以证明达到了合同所要求的产品质量，并证明对合同中提出的质量保证要求予以满足的程度。如果出现偏差，则质量记录应反映出针对不足之处采取了哪些纠正措施。质量记录应字迹清晰、内容完整，并按所记录的产品和项目进行标识；记录应注明日期并经授权人员签字、盖章或作其他审定后方能生效。一旦发生问题，应能通过记录查明情况，找出原因和责任者，有针对性地采取防止重复发生的有效措施。质量记录应安全地储存和维护，并根据合同要求考虑如何向需方提供。

3.质量管理体系的实施

为保证质量管理体系的有效运行，要做到两个到位：一是认识到位。思想认识是看待问题、处理问题的出发点，人们认识的不同，决定了处理问题的方式和结果差异。组织的各级领导对问题的认识直接影响本部门质量管理体系的实施效果。例如，有人认为搞质量管理体系认证是“形式主义”，对文件及质量记录控制的种种规定是“多此一举”。因此，对质量管理体系的建立与运行问题一定要达成共识。二是管理考核到位。这就要求根据职责和管理内容不折不扣地按质量管理体系运作，并实施监督和考核。开展纠正与预防活动，充分发挥内审的作用是保证质量管理体系有效运行的重要环节。

内审是由经过培训并取得内审资格的人员对质量管理体系的符合性及有效性进行验证的过程。对内审中发现的问题，要制订纠正及预防措施，进行质量的持续改进。内审作用发挥的好坏与贯标认证的实效有着重要的关系。

（二）质量认证

1.进行质量认证的意义

近年来，随着现代工业的发展和国际贸易的进一步增长，质量认证制度得到了世界各国的普遍重视。通过一个公正的第三方认证机构对产品或质量管理体系做出正确、可信的评价，从而使其对产品质量建立信心，这种做法对供需双方以及整个社会都有十分重要的意义。

（1）通过实施质量认证可以促进企业完善质量管理体系。企业要想获取第三方认证机构的质量管理体系认证或按典型产品认证制度实施的产品认证，都需要对其质量管理体系的施行进行检查和完善，以保证认证的有效性，并在实施认证时，对其质量管理体系实施检查和评定中发现的问题，均需及时地加以纠正。所有这些都会对企业完善质量管理体系起到积极的推动作用。

（2）可以提高企业的信誉和市场竞争能力。企业通过了质量管理体系认证机构的认证，获取合格证书和标志并通过注册加以公布，从而也就证明其具有出产满足顾客要求产品的能力，大大提高了企业的信誉，增加了企业的市场竞争能力。

（3）有利于保护供需双方的利益。实施质量认证，一方面对通过产品质量认证或质量管理体系认证的企业准予使用认证标志或予以统册公布，使顾客了解哪些企业的产品质量是有保证的，从而可以引导顾客，防止误购不符合要求的产品，起到保护消费者利益的作用。并且由于实施第三方认证，对于缺少测试设备、缺少有经验的人员或远离供方的用户来说带来了许多方便，同时也降低了进行重复检验和检查的费用。另一方面，如果供方建立了完善的质量管理体系，一旦发生质量争议，也可以把质量管理体系作为自我保护的措施，较好地解决质量争议。

（4）有利于国际市场的开拓，增加国际市场的竞争能力。认证制度已发展成为世界上许多国家的普遍做法，各国的质量认证机构都在设法通过签订双边或多边认证合作协议，取得彼此之间的相互认可，企业一旦获得国际上有权威的认证机构的产品质量认证或质量管理体系注册，便会得到各国的认可，并可享受一定的优惠待遇，如免检、减免税和优价等。

2.质量认证的基本概念

质量认证是第三方依据程序对产品、过程或服务符合规定要求给予的书面保证（合格证书）。质量认证包括产品质量认证和质量管理体系认证两方面。

（1）产品质量认证按认证性质划分为安全认证和合格认证，质量认证的表示方法。

①认证证书（合格证书）。它是由认证机构颁发给企业的一种证明文件，以证明某项产品或服务符合特定标准或技术规范。

②认证标志（合格标志）。由认证机构设计并公布的一种专用标志，用以证明某项产品或服务符合特定标准或规范。经认证机构批准，认证标志使用在每台

（件）合格出厂的认证产品上。认证标志是质量标志，通过标志可以向购买者传递正确可靠的质量信息，帮助购买者识别认证的商品与非认证的商品，指导购买者购买自己满意的产品。

（2）质量管理体系认证是指根据有关的质量管理体系标准，由第三方机构对供方（承包方）的质量管理体系进行评定和注册的活动。这里的第三方机构是指经过国家市场监督管理总局质量体系认可委员会认可的质量管理体系认证机构。质量管理体系认证机构是专职机构，各认证机构有自己的认证章程、程序、注册证书和认证合格标志。质量管理体系认证具有以下特征：

①由具有第三方地位的认证机构进行客观的评价，做出结论，若通过则颁发认证证书。审核人员要具有独立性和公正性，以确保认证工作客观公正地进行。

②认证依据是质量管理体系的要求标准，即ISO9001，而不能依据质量管理体系的业绩改进指南标准即ISO9004来进行，更不能依据具体工程或产品的质量标准。

③认证过程中的审核是围绕企业的质量管理体系要求的符合性和满足质量要求和目标方面的有效性来进行。

④认证的结论不是证明产品（工程实体）是否符合相关的技术标准，而是质量管理体系是否符合ISO9001即质量管理体系要求标准；是否具有按规范要求，保证工程质量的能力。

⑤认证合格标志只能用于企业宣传，不能将其用于具体的工程实体（产品）上。

3.质量管理体系认证的实施程序

（1）提出申请。申请单位向认证机构提出书面申请。

①申请单位填写申请书及附件。附件的内容是向认证机构提供关于申请认证质量管理体系的质量保证能力情况，一般应包括：一份质量手册的副本，申请认证质量管理体系所覆盖的产品名录、简介、申请方的基本情况等。

②认证申请的审查与批准。认证机构收到申请方的正式申请后，对申请方的申请文件进行审查。审查的内容包括填报的各项内容是否完整正确，质量手册的内容是否覆盖了质量管理体系要求标准的内容等。经审查符合规定的申请要求，则确认接受申请，由认证机构向申请单位发出“接受申请通知书”，并通知申请方做下一步与认证有关的工作安排，预交认证费用。若经审查不符合规定的要

求，认证机构应及时与申请单位联系，要求申请单位作必要的补充或修改，符合规定后再发出“接受申请通知书”。

（2）认证机构进行审核。认证机构对申请单位的质量管理体系审核是质量管理体系认证的关键环节。其基本工作程序如下：

①文件审核。文件审核的主要对象是申请书的附件，即申请单位的质量手册及其他说明申请单位质量管理体系的材料。

②现场审核。现场审核的主要目的是通过查证质量手册的实际执行情况，对申请单位质量管理体系运行的有效性做出评价，判定其是否真正具备满足认证标准的能力。

③提出审核报告。现场审核工作完成后，审核组要编写审核报告。审核报告是现场检查和评价结果的证明文件，并经审核组全体成员签字，签字后报送审核机构。

（3）认证机构对审核组提出的审核报告进行全面的审查。经审查，若批准通过认证，则认证机构予以注册并颁发注册证书。若经审查，需要改进后方可批准通过认证，则由认证机构书面通知申请单位需要纠正的问题及完成修正的期限，到期再作必要的复查和评价，证明确实达到了规定的条件后，仍可批准认证并注册发证。经审查，若决定不予批准认证，则由认证机构书面通知申请单位，并说明不予通过的理由。

（4）认证机构对获准认证（有效期为3年）的供方质量管理体系实施监督管理。这些管理工作包括供方通报、监督检查、认证注销、认证暂停、认证撤销、认证有效期的延长等。

（5）申请方、受审核方，对认证机构的任何活动持有异议时，可向其认证机构或上级主管部门提出申诉或向人民法院起诉。认证机构或其认可机构应对申诉及时做出处理。

第四章　常用建筑材料检验与评定

第一节　建设工程质量检测见证制度

一、概述

取样是按有关技术标准、规范的规定，从检验（测）对象中抽取试验样品的过程；送样是指取样后将试样从现场移交给有检测资格的单位承检的全过程。取样和送样是工程质量检测的首要环节，其真实性和代表性直接影响检测数据的公正性。为保证试件能代表母体的质量状况和取样的真实，直至出具只对试件（来样）负责的检测报告，保证建设工程质量检测工作的科学性、公正性和准确性，以确保建设工程质量，在建设工程质量检测中实行见证取样和送样制度，即在建设单位或监理单位人员的见证下，由施工人员在现场取样，送至试验室进行试验。

二、见证取样送样的范围和程序

（一）见证取样送样的范围

对建设工程中结构用钢筋及焊接试件、混凝土试块、砌筑砂浆试块、水泥、墙体材料、集料及防水材料等项目，实行见证取样送样制度。各区、县建设主管部门和建设单位也可根据具体情况确定须见证取样的试验项目。

（二）见证取样送样的程序

（1）建设单位应向工程受监质监站和工程检测单位递交“见证单位和见证人员授权书”。授权书应写明本工程现场委托的见证单位和见证人员姓名，以便质检机构和检测单位检查核对。

（2）施工企业取样人员在现场进行原材料取样和试块制作时，见证人员必须在旁见证。

（3）见证人员应对试样进行监护，并和施工企业取样人员一起将试样送至检测单位或采取有效的封样措施送样。

（4）检测单位在接受委托检验任务时，须由送检单位填写委托单，见证人员应在检验委托上签名。

（5）检测单位应在检验报告单备注栏中注明见证单位和见证人员姓名，发生试样不合格情况，首先要通知工程质监站和见证单位。

三、见证人员的要求和职责

（一）见证人员的基本要求

（1）必须具备见证人员资格。①见证人员应是本工程建设单位或监理单位人员；②必须具备初级以上技术职称或具有建筑施工专业知识；③经培训考核合格，取得“见证人员证书”。

（2）必须具有建设单位见证人书面授权书。

（3）必须向质监站或检测单位递交见证人书面授权书。

（4）见证人员的基本情况由（自治区、直辖市）检测中心备案，每隔五年换一次证。

（二）见证人员的职责

（1）取样时，见证人员必须在现场进行见证。

（2）见证人员必须对试样进行监护。

（3）见证人员必须和施工人员一起将试样送至检测单位。

（4）有专用送样工具的工地，见证人员必须亲自封样。

（5）见证人员必须在检验委托单上签字，并出示“见证人员证书”。

（6）见证人员对试样的代表性和真实性负有法定责任。

四、见证取样送样的管理

建设行政主管部门是建设工程质量检测见证取样工作的主管部门。如宿州市建设工程质量见证取样工作由宿州市建委组织管理和发证，由宿州市工程质量检测中心具体实施和考核。

各监测机构试验室在承接送检试样时，应核验见证人员证书。对无证人员签名的检验委托一律拒收；未注明见证单位和见证人员姓名及编号的检验报告无效，不得作为质量保证资料和竣工验收资料，由质监站指定法定检测单位重新检测，其检测费用由责任方承担。

建设、施工、监理和检测单位凡以任何形式弄虚作假或者玩忽职守，将按有关法规、规章严肃查处，情节严重者，依法追究刑事责任。

五、见证送样的专用工具

为了便于见证人员在取样现场对所取样品进行封存，防止串换，减少见证人员取送样品的麻烦，保证见证取样送样工作的顺利进行，下面介绍三种简易实用的送样工具。这些工具结构简洁耐用，加工制作容易，便于人工搬运和各种交通工具运输。

（一）A型送样桶

1.用途

（1）适用于150mm×150mm×150mm的混凝土试块封装，可装3件（约24kg）。

（2）若用薄钢板网封闭空格部分，适用70.7mm×70.7mm×70.7mm砂浆试样封装，可装24件（约18kg）。

（3）如内框尺寸改为210mm×210mm，可装100mm×100mm×100mm混凝土试块16件（约40kg）。

2.外形尺寸

外形尺寸为174mm×174mm×520mm。

（二）B型送样桶

（1）用途：适用于φ175mm（φ185mm）×150mm的混凝土抗渗试块封装，可装3件（约30kg），也适用于钢筋试样封装。

（2）外形尺寸：外形尺寸为φ237mm×550mm。

（三）C型送样桶

（1）适用于240mm×115mm×90mm的烧结多孔砖试样封装，可装4件（约12kg）。

（2）适用于240mm×115mm×53mm的普通砖试样封装，可装8件（约20kg）。

（3）可装砂、石约40kg，水泥约30kg，或可装土样约40个。

第二节　水泥

一、水泥概述

水泥是由石灰质原料、黏土质原料与少量校正原料，破碎后按比例配合、磨细并调配成为合适的生料，经高温煅烧至部分熔融制成熟料，再加入适量的调凝剂（石膏），混合材料共同磨细而成的一种既能在空气中硬化又能在水中硬化的无机水硬性胶凝材料。

（一）水泥的种类

1.按其矿物组成

可分为硅酸盐水泥、铝酸盐水泥、硫铝酸盐水泥、少熟料水泥、无熟料水泥。

2.按其用途和性能

可分为通用水泥、专用水泥和特性水泥。

通用水泥主要是指硅酸盐水泥、普通硅酸盐水泥、矿渣硅酸盐水泥、火山灰质硅酸盐水泥、粉煤灰硅酸盐水泥和复合硅酸盐水泥。

专用水泥是专门用途的水泥，主要有砌筑水泥、油井水泥、道路水泥、耐酸水泥、耐碱水泥。

特性水泥是某种性能比较突出的水泥，主要有低热矿渣硅酸盐水泥、膨胀硫铝酸盐水泥、磷铝酸盐水泥和磷酸盐水泥等。

（1）硅酸盐水泥：凡由硅酸盐水泥熟料、0～5%的石灰石或粒化高炉矿渣、适量石膏磨细制成的水硬性胶凝材料，称为硅酸盐水泥，即国外的波特兰水泥，分为不掺混合材料P·I和掺不超过5%混合材料P·II。

（2）普通硅酸盐水泥：凡由硅酸盐水泥熟料和6%～15%混合料、适量石膏磨细制成的水硬性胶凝材料，即为普通硅酸盐水泥，简称普通水泥，代号为P·O。

（3）矿渣硅酸盐水泥：凡由硅酸盐水泥熟料和粒化高炉矿渣、适量石膏磨细制成的水硬性胶凝材料，即为矿渣硅酸盐水泥，简称矿渣水泥，代号为P·S。

（4）火山灰质硅酸盐水泥：凡由硅酸盐水泥熟料和火山灰质混合料、适量石膏磨细制成的水硬性胶凝材料，即为火山灰质硅酸盐水泥，简称火山灰质水泥，代号为P·P。

（5）粉煤灰硅酸盐水泥：凡由硅酸盐水泥熟料和粉煤灰、适量石膏磨细制成的水硬性胶凝材料，即为矿渣硅酸盐水泥，简称粉煤灰水泥，代号为P·F。

（6）复合硅酸盐水泥：凡由硅酸盐水泥熟料、两种或两种以上规定的混合材料、适量石膏磨细制成的水硬性胶凝材料，称为复合硅酸盐水泥，简称复合水泥，代号为P·C。

（二）通用水泥的技术要求

（1）不溶物：Ⅰ型硅酸盐水泥中不溶物不得大于0.75%。Ⅱ型硅酸盐水泥中不溶物不得大于1.50%。

（2）烧失量：Ⅰ型硅酸盐水泥中烧失量不得大于3.0%。Ⅱ型硅酸盐水泥中烧失量不得大于3.5%。普通水泥中烧失量不得大于5.0%。

（3）氧化镁：水泥中氧化镁的含量不宜超过5.0%。如果水泥经压蒸安定性试验合格，则水泥中氧化镁的含量允许放宽到6.0%。

（4）三氧化硫：硅酸盐水泥、普通水泥、火山灰质水泥、粉煤灰水泥和复合水泥中三氧化硫的含量不得超过3.5%；矿渣水泥中三氧化硫的含量不得超过4.0%。

（5）细度：硅酸盐水泥以比表面积表示，不小于 300 mkg；普通水泥、矿渣水泥、火山灰质水泥、粉煤灰水泥和复合水泥以筛余表示，80 um方孔筛筛余不大于10%或45 um方孔筛筛余不大于30%。

（6）凝结时间：硅酸盐水泥初凝不小于45 min，终凝不大于 390 min；普通水泥、矿渣水泥、火山灰质水泥、粉煤灰水泥和复合水泥初凝不小于45 min，终凝不大于600 min。

（7）安定性：用沸煮法检测必须合格。

（8）废品与不合格品：废品：氧化镁、三氧化硫、初凝时间、安定性任一项不符合标准规定。

不合格品：细度、终凝时间、不溶物和烧失量中任一项不符合标准规定或混合材料掺假量超过最低限度和强度低于商品强度等级的指标。水泥包装标志中水泥品种、强度等级、生产者名称和出厂编号不全。

二、水泥的取样方法

（一）取样送样规则

首先，要掌握所购买的水泥的生产厂是否具有产品生产许可证。

水泥委托检验样必须以每一个出厂水泥编号为一个取样单位，不得有两个以上的出厂编号混合取样。

水泥试样必须在同一编号不同部位处等量采集，取样点至少在20点，经混合均匀后用防潮容器包装，重量不少于12kg。

委托单位必须逐项填写检验委托单，如水泥生产厂名、商标、水泥品种、强度等级、出厂编号或出厂日期、工程名称、全套物理检验项目等。用于装饰的水泥应进行安定性的检验。

水泥出厂日期超过三个月应在使用前做复检。

进口水泥一律按上述要求进行。

（二）取样单位及样品总量

水泥出厂前须按标准规定进行编号，每一编号为一取样单位。施工现场取样，应以同一水泥厂、同品种、同强度等级、同期到达的同一编号水泥为一个取样单位。取样应有代表性，可连续取，也可从20个以上不同部位取等量样品，总量至少12kg。

（三）编号与取样

水泥出厂前按同品种、同强度等级编号和取样。袋装水泥和散装水泥应分别进行编号和取样。每一编号为一取样单位。水泥出厂编号按水泥厂年生产能力规定，即

（1）120万t以上，不超过1200 t为一编号。

（2）60万t以上至120万t，不超过1000 t为一编号。

（3）30万t以上至60万t，不超过600 t为一编号。

（4）10万t以上至30万t，不超过400 t为一编号。

（5）10万t以下，不超过200 t为一编号。

当散装水泥运输工具的容量超过该厂规定出厂编号吨数时，允许该编号的数量超过取样规定吨数。

（四）袋装水泥取样

采用取样管取样。随机选择20个以上不同的部位，将取样管插入水泥适当深度，用大拇指按住气孔，小心抽出取样管。将所取样品放入洁净、干燥、不易受污染的容器中。

（五）散装水泥取样

采用槽形管状取样器取样，当所取水泥深度不超过2m时，采用槽形管状取样器取样。通过转动取样器内管控制开关，在适当位置插入水泥一定深度，关闭后小心抽出。将所取样品放入洁净、干燥、不易受污染的容器中。

（六）交货与验货

交货时水泥的质量验收可抽取实物试样以其检验结果为依据，也可以水泥厂同编号水泥的检验报告为依据。采取何种方法验收由买卖双方商定，并在合同或协议中说明。

以抽取实物试样的检验结果为依据时，买卖双方应在发货前或交货地共同取样和签封。取样数量为20 kg，缩分为二等份。一份由卖方保存40天，一份由买方按规定的项目和方法进行检验。

在40天以内，买方检验认为产品质量不符合本标准要求，而卖方又有异议时，则双方应将卖方保存的另一份试样送省级或省级以上国家认可的水泥质量监督检验机构进行仲裁检验。

以水泥厂同编号水泥的检验报告为验收依据时，在发货前或交货时买方在同编号水泥中抽取试样，双方共同签封后保存三个月；或委托卖方在同编号水泥中抽取试样，签封后保存三个月。

在三个月内，买方对水泥质量有疑问时，则买卖双方应将签封的试样送省级或省级以上国家认可的水泥质量监督检验机构进行仲裁检验。

（七）运输与储存

水泥在运输与储存时不得受潮和混入杂物，不同品种和强度等级的水泥应分别储运，不得混杂。

通用水泥的合格判定应满足通用水泥的技术要求；废品水泥必须淘汰，不得应用于建筑工程；不合格品水泥应依据具体情况，可适当用于建筑工程的次要部位。

第三节　粗集料

一、粗集料概述

在混凝土中，砂、石起骨架作用，称为骨料或集料，其中粒径大于5mm的集料称为粗集料。普通混凝土常用的粗集料有碎石及卵石两种。碎石是天然岩石、卵石或矿山废石经机械破碎、筛分制成的，粒径大于5mm的岩石颗粒。卵石是由自然风化、水流搬运和分选、堆积而成的、粒径大于5mm的岩石颗粒。

由于集料在混凝土中占有大部分的体积，所以，混凝土的体积主要是由集料的真密度所支配，设计混凝土配合比需了解的密度是指包括非贯穿毛细孔在内的集料单位体积的质量。这一概念上与物体的真密度不同，这样的密度称为表观密度，集料的表观密度在计算体积时包括内部集料颗粒的空隙，因此，越是多孔材料其表观密度越小，集料的强度越低，稳定性越差。集料在自然堆积状态下的密度称为堆积密度，其反映自然状态下的空隙率，堆积密度越大，需要水泥填充的空隙就越少；堆积密度越小即集料的颗粒级配越差，需要填充空隙的水泥浆就越多，混凝土拌合物的和易性就越不易得到保证。

二、粗集料的技术要求

（一）颗粒级配

颗粒级配又称（粒度）级配。由不同粒度组成的散状物料中各级粒度所占的数量。常以占总量的百分数来表示，有连续级配和单粒级配两种。连续级配是石子的粒径从大到小连续分级，每一级都占适当的比例。连续级配的颗粒大小搭配连续合理，用其配制的混凝土拌合物工作性好，不易发生离析，在工程中应用较多。但其缺点是，当最大粒径较大（大于40mm）时，天然形成的连续级配往往与理论最佳值有偏差，且在运输、堆放过程中易发生离析，影响级配的均匀合理性。单粒级配是石子粒级不连续，人为剔去某些中间粒级的颗粒而形成的级配方式。单粒级配能更有效降低石子颗粒之间的空隙率，使水泥达到最大程度的节约，但由于粒径相差较大，故拌和混凝土易发生离析，单粒级配需按设计进行掺配而成。

粗集料中公称粒级的上限称为最大粒径。当集料粒径增大时，其比表面积减小，混凝土的水泥用量也减少，故在满足技术要求的前提下，粗集料的最大粒径应尽量选大一些。在钢筋混凝土工程中，粗集料的粒径不得大于混凝土结构截面最小尺寸的1/4，并不得大于钢筋最小净距的3/4。对于混凝土实心板，其最大粒径不宜大于板厚的1/3，并不得超过40mm。泵送混凝土用的碎石，不应大于输送管内径的1/3，卵石不应大于输送管内径的2/5。

（二）针、片状颗粒含量

卵石和碎石颗粒的长度大于该颗粒所属相应粒级的平均粒径2.4倍者，为针状颗粒；厚度小于平均粒径0.4倍者，为片状颗粒。粗集料中针、片状颗粒过多，会使混凝土的和易性变差，强度降低，故粗集料的针、片状颗粒含量应控制在一定范围内。

（三）含泥量

含泥量是指粒径小于0.080 mm的颗粒含量。对于有抗冻、抗渗或其他特殊要求的混凝土，其含泥量不应大于1.0%；等于或小于C10等级的混凝土含泥量可放宽到2.5%。

（四）泥块含量

泥块含量是指集料中粒径大于5 mm，经水洗、手捏后变成小于2.5 mm的颗粒含量。对于有抗冻、抗渗或其他特殊要求的混凝土，其泥块含量不应大于0.5%；小于或等于C10等级的混凝土，泥块含量可放宽到2.5%。

（五）压碎指标值

压碎指标值是指碎石或卵石抵抗压碎的能力。混凝土强度等级大于或等于C60时，应进行岩石抗压强度检验，其他情况下如有怀疑或认为有必要时，也可以进行岩石的抗压强度检验。岩石的抗压强度与混凝土强度等级之比不应小于1.5，且火成岩强度不宜低于80MPa，变质岩不宜低于60MPa，水成岩不宜低于30MPa。

（六）坚固性指标

坚固性是指碎石或卵石在气候、环境变化或其他物理因素作用下抵抗碎裂的能力。有腐蚀性介质作用或经常处于水位变化区的地下结构或有抗疲劳、耐磨、抗冲击等要求的混凝土用碎石或卵石，其质量损失不应大于8%。

三、粗集料的取样及选用

（一）取样

使用大型工具（如火车、货船或汽车）运输的，以400mm^3或600t为一验收批，使用小型工具运输的（如马车）以200mm^3或300t为一验收批，不足上述数量者仍为一验收批。

在料堆上取样时，取样部位应均匀分布。取样前先将取样部位表层铲除，然后从不同部位抽取大致等量的石子15份（顶部、中部和底部各由均匀分布的五个不同部位），组成一组样品。

从皮带运输机上取样时，应用接料器在皮带运输机机尾的出料处定时抽取大致等量的石子8份，组成一组样品。

从火车、汽车、货船上取样时，从不同部位和深度抽取大致等量的石子16份，组成一组样品。

若检验不合格时，应重新取样。对不合格项，进行加倍复验。若仍有一个试样不能满足标准要求，应按不合格品处理。

（二）选用

粗集料最大粒径应符合下列要求：

（1）不得大于混凝土结构截面最小尺寸的1/4，并不得大于钢筋最小净距的3/4。

（2）对于混凝土实心板，其最大粒径不宜大于板厚的1/3，并不得超过

40mm。

（3）泵送混凝土用的碎石，不应大于输送管内径的1/3，卵石不应大于输送管内径的2/5。

四、粗集料的检验与判定

（一）检测项目

对于石子，每一验收批应检测其颗粒级配、含泥量、泥块含量、针片状颗粒含量、压碎指标、表观密度、堆积密度等。对于重要工程的混凝土所使用的碎石和卵石，应进行碱活性检验或应根据需要增加检测项目。

（二）工程现场粗集料的检验

见证送检必须逐项填写检验委托单中的各项内容，如委托单位、建设单位、工程名称、工程部位、见证单位、见证人、送样人、集料品种、规格、产地、进场日期、代表数量、检验项目、执行标准等。

（三）粗集料的判定

粗集料的判定应满足粗集料的技术要求，若不能满足要求，可以进行复验。若仍有一个试样不能满足标准要求，应按不合格品处理。

第四节　细集料

细集料（砂）是指在自然或人工作用下形成的粒径小于5mm的颗粒，也称为普通砂。砂按来源分为天然砂、人工砂、混合砂。天然砂是由自然条件作用而形成的，按其产源不同，可分为河砂、海砂、山砂。人工砂是岩石经除土开采、机械破碎、筛分而成的。混合砂是由天然砂与人工砂按一定比例组合而成的砂。

一、砂的技术指标

（一）细度模数

砂的粗细程度按细度模数可分为粗、中、细三级，其范围应符合下列要求，粗砂：μ_f=3.7～3.1；中砂：μ_f=3.0～2.3；细砂：μ_f=2.2～1.6。

（二）颗粒级配

砂的颗粒级配是表示砂大小颗粒的搭配情况。在混凝土中砂之间的空隙是由水泥浆填充，为达到节约水泥提高强度的目的，就应尽量减小砂颗粒之间的空隙，因此，就要求砂要有较好的颗粒级配。

砂的颗粒级配区划分，除特细砂外，砂的颗粒级配可按公称直径630μm筛孔的累计筛余量（以质量百分率计）分成三个级配区。

砂的颗粒级配应处于表中某一区域内。

砂的实际颗粒级配与表中的累计筛余百分率比，除公称粒径为5.00mm和630μm（表中斜体所标数值）的累计筛余百分率外，其余公称粒径的累计筛余百分率可稍有超出分界线，但总超出量不应大于5%。

当砂的颗粒级配不符合要求时，宜采用相应的技术措施，并经试验证明能确保混凝土质量后，方允许使用。

配制混凝土时宜优先选用Ⅱ区砂。当采用Ⅰ区砂时，应提高砂率，并保持足够的水泥用量，满足混凝土的和易性；当采用Ⅲ区砂时，宜适当降低砂率；当采用特细砂时，应符合相应的规定。

（三）含泥量

砂的含泥量是指砂中粒径小于0.080mm的颗粒含量。对于有抗冻、抗渗或其他特殊要求的混凝土，其含泥量不应大于3.0%。

（四）表观密度、堆积密度、空隙率

砂的表观密度是指集料颗粒单位体积的质量。砂的堆积密度是指集料在自然堆积状态下单位体积的质量。砂的空隙率是指集料按规定方法颠实后单位体积的质量。

（五）碱活性粗集料

碱活性粗集料是指能与水泥或混凝土中的碱发生化学反应的集料。重要工程的粗集料应进行碱活性检验。

二、砂的取样

供货单位应提供产品合格证或质量检验报告。购货单位应按同产地、同规格分批验收。使用大型工具（如火车、货船或汽车）运输的，以400mm^{3}或600t为一验收批；使用小型工具运输的（如马车），以200mm^{3}或300t为一验收批，不足上述数量者仍为一验收批。

从料堆上取样时，取样部位应均匀分布。取样前应先将取样部位表层铲除，然后由各部位抽取大致相等的砂8份，组成各自一组样品。

从皮带运输机上取样时，应在皮带运输机机尾的出料处用接料器定时抽取砂4份，组成各自一组样品。

从火车、汽车、货船上取样时，应从不同部位和深度抽取大致相等的砂8份，组成各自一组样品。每批取样量应多于试验用样量的一倍，工程上常规检测时约取20kg。

三、细集料的检验与判定

（一）检测项目

工程现场砂的每一验收批应检测其细度模数、颗粒级配、含泥量、泥块含量、表观密度、堆积密度等。对于重要工程的混凝土所使用的砂，应进行碱活性检验或应根据需要增加检测项目。

（二）工程现场砂的检验

见证送检必须逐项填写检验委托单中的各项内容，如委托单位、建设单位、工程名称、工程部位、见证单位、见证人、送样人、砂品种、规格、产地、进场日期、代表数量、检验项目、执行标准等。

（三）细集料的判定

细集料的判定应满足细集料的技术要求，若不能满足要求，可以进行复验。若仍有一个试样不能满足标准要求，应按不合格品处理。

第五节　混凝土

一、混凝土概述

混凝土是由胶凝材料，粗细集料、水以及必要时加入的外加剂和掺合料按一定比例配制，经均匀搅拌，密实成型，养护硬化而成的一种人工石材。

混凝土具有原料丰富、价格低廉、生产工艺简单的特点，因而使其用量越来越大。同时，混凝土还具有抗压强度高、耐久性好、强度等级范围宽等特点。这些特点使其使用范围十分广泛，不仅在各种土木工程中使用，就是造船业、机械工业、海洋开发、地热工程等，混凝土也是重要的材料。

（一）混凝土的分类

1.按胶凝材料分类

（1）无机胶凝材料混凝土，如水泥混凝土、石膏混凝土、硅酸盐混凝土、水玻璃混凝土等。

（2）有机胶结料混凝土，如沥青混凝土、聚合物混凝土等。

2.按表观密度分类

混凝土按照表观密度的大小，可分为重混凝土、普通混凝土、轻质混凝土三种。这三种混凝土的不同之处就是集料不同。

重混凝土：表观密度大于2500 kg/m^3，用特别密实和特别重的集料制成的。如重晶石混凝土、钢屑混凝土等，它们具有不透X射线和y射线的性能。

普通混凝土：普通混凝土是我们在建筑中常用的混凝土，其表观密度为

1950 ~ 2 500 kg/m^3，集料为砂、石。

轻质混凝土：表观密度小于1950 kg/m^{3}的混凝土。它可以分为以下三类：

（1）轻集料混凝土，其表观密度为800 ~ 1 950 kg/m^3，轻集料包括浮石、火山渣、陶粒、膨胀珍珠岩、膨胀矿渣、矿渣等。

（2）多空混凝土（泡沫混凝土、加气混凝土），其表观密度为300 ~ 1 000 kg/m^3。泡沫混凝土是由水泥浆或水泥砂浆与稳定的泡沫制成的。加气混凝土是由水泥、水与发气剂制成的。

（3）大孔混凝土（普通大孔混凝土、轻集料大孔混凝土），其组成中无细集料。普通大孔混凝土的表观密度为 1500 ~ 1 900 kg/m^3，是用碎石、软石、重矿渣作集料配制的。轻集料大孔混凝土的表观密度为500 ~ 1 500 kg/m^3，是用陶粒、浮石、碎砖、矿渣等作为集料配制的。

3.按使用功能分类

结构混凝土、保温混凝土、装饰混凝土、防水混凝土、耐火混凝土、水工混凝土、海工混凝土、道路混凝土、防辐射混凝土等。

4.按施工工艺分类

离心混凝土、真空混凝土、灌浆混凝土、喷射混凝土、碾压混凝土、挤压混凝土、泵送混凝土等。按配筋方式分有素（即无筋）混凝土、钢筋混凝土、钢丝网水泥、纤维混凝土、预应力混凝土等。

5.按拌合物的和易性分类

干硬性混凝土、半干硬性混凝土、塑性混凝土、流动性混凝土、高流动性混凝土、流态混凝土等。

6.按配筋分类

素混凝土、钢筋混凝土、预应力混凝土。

上述各类混凝土中，用途最广、用量最大的为普通混凝土。对一些有特殊使用要求的混凝土，还应提出特殊的性能要求。如对地下工程混凝土，要求具有足够的抗渗性；路面混凝土，要求具有足够的抗弯性和较好的耐磨性；低温下工作的混凝土，要求具有足够的抗冻性；外围结构混凝土，除要求具有足够的强度外，还要有保温、绝热性能等。

（二）混凝土拌合物的性能

混凝土在未凝结硬化以前，称为混凝土拌合物。它必须具有良好的和易性，便于施工，以保证能获得良好的浇灌质量；混凝土拌合物凝结硬化以后，应具有足够的强度，以保证建筑物能安全地承受设计荷载；并应具有必要的耐久性。

1.和易性

和易性是指混凝土拌合物易于施工操作（拌和、运输、浇灌、捣实）并能获致质量均匀、成型密实的性能。和易性是一项综合的技术性质，包括有流动性、黏聚性和保水性等三个方面的含义。

流动性是指混凝土拌合物在本身自重或施工机械振捣的作用下，能产生流动，并均匀密实地填满模板的性能。流动性的大小取决于混凝土拌合物中用水量或水泥浆含量的多少。

黏聚性是指混凝土拌合物在施工过程中其组成材料之间有一定的黏聚力，不致产生分层和离析的性能。黏聚性的大小主要取决于细集料的用量以及水泥浆的稠度等。

保水性是指混凝土拌合物在施工过程中，具有一定的保水能力，不致产生严重泌水的性能。保水性差的混凝土拌合物，由于水分分泌出来会形成容易透水的孔隙，从而降低混凝土的密实性。

2.影响混凝土和易性的因素

（1）水胶比。水胶比是指水泥混凝土中水的用量与水泥用量之比。在单位混凝土拌合物中，集浆比确定后，即水泥浆的用量为一固定数值时，水胶比决定水泥浆的稠度。水胶比较小，则水泥浆较稠，混凝土拌合物的流动性也较小，当水胶比小于某一极限值时，在一定施工方法下就不能保证密实成型；反之，水胶比较大，水泥浆较稀，混凝土拌合物的流动性虽然较大，但黏聚性和保水性却随之变差。当水胶比大于某一极限值时，将产生严重的离析、泌水现象。因此，为了使混凝土拌合物能够密实成型，所采用的水胶比值不能过小，为了保证混凝土拌合物具有良好的黏聚性和保水性，所采用的水胶比值又不能过大。由于水胶比的变化将直接影响到水泥混凝土的强度。因此，在实际工程中，为增加拌合物的流动性而增加用水量时，必须保证水胶比不变，同时增加水泥用量，否则将显著降低混凝土的质量，决不能以单纯改变用水量的办法来调整混凝土拌合物的流动性。

（2）砂率。砂率是指混凝土中砂的质量占砂石总质量的百分率。砂率表征混凝土拌合物中砂与石相对用量比例。由于砂率变化，可导致集料的空隙率和总表面积的变化。当砂率过大时，集料的空隙率和总表面积增大，在水泥浆用量一定的条件下，混凝土拌合物就显得干稠，流动性小；当砂率过小时，虽然集料的总表面积减小，但由于砂浆量不足，不能在粗集料的周围形成足够的砂浆层起润滑作用，因而使混凝土拌合物的流动性降低。更严重的是影响了混凝土拌合物的黏聚性与保水性，使拌合物显得粗涩、粗集料离析、水泥浆流失，甚至出现溃散等不良现象。因此，在不同的砂率中应有一个合理砂率值。混凝土拌合物的合理砂率是指在用水量和水泥用量一定的情况下，能使混凝土拌合物获得最大流动性，且能保持黏聚性。

（3）单位体积用水量。单位体积用水量是指在单位体积水泥混凝土中所加入水的质量，它是影响水泥混凝土工作性的最主要的因素。新拌混凝土的流动性主要是依靠集料及水泥颗粒表面吸附一层水膜，从而使颗粒之间比较润滑。而黏聚性也主要是依靠水的表面张力作用，如用水量过少，则水膜较薄，润滑效果较差；而用水量过多，毛细孔被水分填满，表面张力的作用减小，混凝土的黏聚性变差，易泌水。因此，用水量的多少直接影响着水泥混凝土的工作性。当粗集料和细集料的种类和比例确定后，在一定的水胶比范围内，水泥混凝土的坍落度主要取决于单位体积用水量，而受其他因素的影响较小，这一规律称为固定加水量定则。

（三）混凝土强度

（1）立方体抗压强度及强度等级。混凝土立方体抗压标准强度是指按标准方法制作和养护的边长为150 mm的立方体试件，在28d后用标准试验方法测得的抗压强度总体分布中具有不低于95%保证率的抗压强度值。根据规定，普通混凝土划分为十四个等级，即C15、C20、C25、C30、C35、C40、C45、C50、C55、C60、C65、C70、C75、C80。

（2）混凝土的抗拉强度。混凝土的抗拉强度只有抗压强度的1/10 ~ 1/20，且随着混凝土强度等级的提高比值降低。混凝土在工作时一般不依靠其抗拉强度。但抗拉强度对于抗开裂性有重要意义，在结构设计中抗拉强度是确定混凝土抗裂能力的重要指标。有时也用它来间接衡量混凝土与钢筋的黏结强度等。

（3）混凝土的抗折强度。混凝土的抗折强度是指混凝土的抗弯曲强度。对于混凝土路面强度设计，必须满足抗压与抗折强度值的要求。

（四）影响混凝土强度的因素

1.水泥的强度和水胶比

水泥的强度和水胶比是决定混凝土强度的最主要因素。水泥是混凝土中的胶结组分，其强度的大小直接影响混凝土的强度。在配合比相同的条件下，水泥的强度越高，混凝土强度也越高。当采用同一水泥（品种和强度相同）时，混凝土的强度主要取决于水胶比：在混凝土能充分密实的情况下，水胶比越大，水泥石中的孔隙越多，强度越低，与集料黏结力也越小，混凝土的强度就越低；反之，水胶比越小，混凝土的强度越高。

2.集料的影响

集料的表面状况影响水泥石与集料的黏结，从而影响混凝土的强度。碎石表面粗糙，黏结力较大；卵石表面光滑，黏结力较小。因此，在配合比相同的条件下，碎石混凝土的强度比卵石混凝土的强度高。集料的最大粒径对混凝土的强度也有影响，集料的最大粒径越大，混凝土的强度越小。砂率越小，混凝土的抗压强度越高；反之，混凝土的抗压强度越低。

3.外加剂和掺合料

在混凝土中掺入外加剂，可使混凝土获得早强和高强性能，混凝土中掺入早强剂，可显著提高早期强度；掺入减水剂可大幅度减少拌合用水量，在较低的水胶比下，混凝土仍能较好地成型密实，获得很高的28d 强度。在混凝土中加入掺合料，可提高水泥石的密实度，改善水泥石与集料的界面黏结强度，提高混凝土的长期强度。因此，在混凝土中掺入高效减水剂和掺合料，是制备高强和高性能混凝土必需的技术措施。

4.养护的温度和湿度

混凝土的硬化是水泥水化和凝结硬化的结果。养护温度对水泥的水化速度有显著的影响，养护温度高，水泥的初期水化速度快，混凝土早期强度高。湿度大能保证水泥正常水化所需水分，有利于强度的增长。

在20 ℃以下，养护温度越低，混凝土抗压强度越低，但在20 ℃～30℃时，养护温度对混凝土的抗压强度影响不大。养护湿度越高，混凝土的抗压强度越高；反之，混凝土的抗压强度越低。

（五）混凝土的长期性能和耐久性能

混凝土的长期性是指混凝土在实际使用条件下抵抗各种破坏因素的作用，长期保持强度和外观完整性的能力。混凝土的耐久性是指结构在规定的使用年限内，在各种环境条件作用下，不需要额外的费用加固处理而保持其安全性、正常使用和可接受的外观能力。简单地说，混凝土材料的耐久性指标一般包括抗渗性、抗冻性、抗侵蚀性、混凝土的碳化、碱–集料反应。

1.抗渗性

抗渗性是指混凝土抵抗水、油等液体在压力作用下渗透的性能。它直接影响混凝土的抗冻性和抗侵蚀性。混凝土本质上是一种多孔性材料，混凝土的抗渗性主要与其密度及内部孔隙的大小和构造有关。混凝土内部的互相连通的孔隙和毛细管通路，以及由于在混凝土施工成型时振捣不实产生的蜂窝、孔洞，都会造成混凝土渗水。

混凝土的抗渗性我国一般采用抗渗等级表示，抗渗等级是按标准试验方法进行试验，用每组6个试件中4个试件未出现渗水时的最大水压力来表示的。如分为P4、P6、P8、P10、Pl2五个等级，即相应表示能抵抗0.4 MPa、0.6 MPa、0.8 MPa、1.0 MPa及 1.2 MPa的水压力而不渗水。

影响混凝土抗渗性的主要因素是水胶比，水胶比越大，水分越多，蒸发后留下的孔隙越多，其抗渗性越差。

2.抗冻性

混凝土的抗冻性是指混凝土在水饱和状态下，经受多次冻融循环作用，能保持强度和外观完整性的能力。在寒冷地区，特别是在接触水又受冻的环境下的混凝土，要求具有较高的抗冻性能。由于混凝土内部孔隙中的水在负温下结冰后体积膨胀造成的静水压力和因冰水蒸汽压的差别推动未冻水向冻结区的迁移所造成的渗透压力。当这两种压力所产生的内应力超过混凝土的抗拉强度，混凝土就会产生裂缝，多次冻融使裂缝不断扩展直至破坏。

混凝土的密实度、孔隙构造和数量、孔隙的充水程度是决定抗冻性的重要因素。因此，当混凝土采用的原材料质量好、水胶比小、具有封闭细小孔隙（如掺入引气剂的混凝土）及掺入减水剂、防冻剂等，其抗冻性都较高。

3.抗侵蚀性

混凝土的抗侵蚀性与所用水泥的品种、混凝土的密实程度和孔隙特征有关。密实和孔隙封闭的混凝土，环境水不易侵入，故其抗侵蚀性较强。所以，提高混凝土抗侵蚀性的措施，主要是合理选择水泥品种、降低水胶比、提高混凝土的密实度和改善孔结构。

4.混凝土的碳化

混凝土的碳化作用是二氧化碳与水泥石中的氢氧化钙作用，生成碳酸钙和水。碳化过程是二氧化碳由表及里向混凝土内部逐渐扩散的过程。因此，气体扩散规律决定了碳化速度的快慢。碳化引起水泥石化学组成及组织结构的变化，从而对混凝土的化学性能和物理力学性能有明显的影响，主要是对碱度、强度和收缩的影响。

碳化对混凝土性能既有有利的影响，也有不利的影响。碳化使混凝土的抗压强度增大，其原因是碳化放出的水分有助于水泥的水化作用，而且碳酸钙减少了水泥石内部的孔隙。由于混凝土的碳化层产生碳化收缩，对其核心形成压力，而表面碳化层产生拉应力，可能产生微细裂缝，而使混凝土抗拉、抗折强度降低。

5.碱–集料反应

碱–集料反应是指硬化混凝土中所含的碱（NaOH和KOH）与集料中的活性成分发生反应，生成具有吸水膨胀性的产物，在有水的条件下吸水膨胀，导致混凝土开裂的现象。

混凝土只有含活性二氧化硅的集料、有较多的碱和有充分的水三个条件同时具备时才发生碱–集料反应。因此，可以采取以下措施抑制碱–集料反应：选择无碱活性的集料；在不得不采用具有碱活性的集料时，应严格控制混凝土中总的碱量；掺用活性掺合料，如硅灰、矿渣、粉煤灰（高钙高碱粉煤灰除外）等，对碱–集料反应有明显的抑制效果。活性掺合料与混凝土中的碱起反应，反应产物均匀分散在混凝土中，而不是集中在集料表面，不会发生有害的膨胀，从而降低了混凝土的含碱量，起到抑制碱–集料反应的作用；控制进入混凝土的水分。碱–集料反应要有水分，如果没有水分，反应就会大为减少乃至完全停止。因此，要防止外界水分渗入混凝土，以减轻碱–集料反应的危害。

二、取样方法

（一）普通混凝土试样标准

（1）普通混凝土立方体抗压强度、抗冻性和劈裂抗拉强度试件为正方体。混凝土强度等级<C60时，用非标准试件测得的强度值均应乘以尺寸换算系数。当混凝土强度等级≥C60时，宜采用标准试件；使用非标准试件时，尺寸换算系数应由试验确定。

在特殊情况下，可采用150mm×300mm的圆柱体标准试件或100mm×200mm和200mm×400mm的圆柱体非标准试件。

（2）普通混凝土轴心抗压强度试验和静力受压弹性模量试验，采用150mm×150mm×300mm的棱柱体作为标准试件，前者每组3块，后者每组6块。

（3）普通混凝土抗折强度试验，采用150mm×150mm×600mm（或550mm）的棱柱体作为标准试件，每组3块。

（4）普通混凝土抗渗性能试验试件采用顶面直径为175mm，底面直径为185mm，高度为150mm的圆台体或直径与高度均为150mm的圆柱体试件，每组6块。试块在移入标准养护室以前，应用钢丝刷将顶面的水泥薄膜刷去。

（5）普通混凝土与钢筋黏结力（握裹力）试件为长方形棱柱体，尺寸为100mm×100mm×200mm，集料的最大粒径不得超过30mm；棱柱体中心φ6光圆钢筋，表面光滑程度一致，粗细均匀，钢筋一端露出混凝土棱柱体端面10~20mm，钢筋另一端露出混凝土棱柱体端面50~60mm，每组6块。

（6）普通混凝土收缩试件尺寸为100mm×100mm×515mm，（两端面）预留埋设不锈钢珠的凹槽。装上钢珠后，两钢珠顶端间距离（试块总长）约为540mm，每组3块。

（7）普通混凝土中钢筋锈蚀试验，采用100mm×100mm×300mm的棱柱体试件，埋入的钢筋为直径6mm、长299mm的普通低碳钢，每组3块。

（二）混凝土试件的取样

1.现场搅拌混凝土

用于检查结构构件混凝土强度的试件，应在混凝土的浇筑地点随机抽取。取样与试件留置应符合以下规定：

（1）每拌制100盘但不超过100 m^3的同配合比的混凝土，取样次数不得少于一次。

（2）每工作班拌制的不足100盘时，其取样次数不得少于一次。

（3）当一次连续浇筑超过1000 m'时，每200m^3取样不得少于一次。

（4）每一楼层取样不得少于一次。

（5）每次取样应至少留置一组标准养护试件，同条件养护试件的留置组数应根据实际需要确定。

2.结构实体检验用同条件养护试件

结构实体检验用同条件养护试件的留置方式和取样数量应符合以下规定：

（1）对涉及混凝土结构安全的重要部位应进行结构实体检验。其内容包括混凝土强度、钢筋保护层厚度、结构位置与尺寸偏差以及合同约定的项目，必要时可检验其他项目。

（2）同条件养护试件应由各方在混凝土浇筑入模处见证取样。

（3）同一强度等级的同条件养护试件的留置不宜少于10组，留置数量不应少于3组。

（4）当试件达到等效养护龄期时，方可对同条件养护试件进行强度试验。所谓等效养护龄期，就是逐日累计养护温度达到600℃·d，且龄期宜取14～60 d。一般情况，温度取当天的平均温度。

3.预拌（商品）混凝土

预拌（商品）混凝土，应在预拌混凝土厂内按规定留置试块外，混凝土运到施工现场后。

（1）用于交货检验的混凝土试样应在交货地点采取。每100 m^3相同配合比的混凝土取样不少于一次；一个工作班拌制的相同配合比的混凝土不足100 m^3时，取样也不得少于一次；当在一个分项工程中连续供应相同配合比的混凝土量大于1 000 m^3时，其交货检验的试样为每200 m^3混凝土取样不得少于一次。

（2）用于出厂检验的混凝土试样应在搅拌地点采取，按每100盘相同配合比的混凝土取样不得少于一次；每一工作班组相同的配合比的混凝土不足100盘时，取样也不得少于一次。

（3）对于预拌混凝土拌合物的质量，每车应目测检查；混凝土坍落度检验的试样，每100 m^3相同配合比的混凝土取样检验不得少于一次；当一个工作班相同配合比的混凝土不足100 m³时，取样也不得少于一次。

4.混凝土抗渗试块

混凝土抗渗试块按下列规定取样：

（1）连续浇筑混凝土量500 m³以下时，应留置两组（12块）抗渗试块。

（2）每增加250～500 m³混凝土，应增加留置两组（12块）抗渗试块。

（3）如果使用材料、配合比或施工方法有变化时，均应另行仍按上述规定留置。

（4）抗渗试块应在浇筑地点制作，留置的两组试块其中一组（6块）应在标准养护室养护，另一组（6块）与现场相同条件下养护，养护期不得少于28 d。

5.粉煤灰混凝土

（1）粉煤灰混凝土的质量，应以坍落度（或工作度）、抗压强度进行检验。

（2）现场施工粉煤灰混凝土的坍落度的检验，每工作班至少测定两次，其测定值允许偏差为±20 mm。

（3）对于非大体积粉煤灰混凝土每拌制100 m³，至少成型一组试块；大体积粉煤灰混凝土每拌制 500 m³，至少成型一组试块。不足上列规定数量时，每工作组至少成型一组试块。

（三）试件制作要求

（1）在制作试件前应将试模清擦干净，并在其内壁涂以脱模剂。

（2）试件用振动台成型时，混凝土拌合物应一次装入试模，装料应用抹刀沿试模内壁略加插捣，并使混凝土拌合物高出试模上口，振动时应防止试模在振动台上自由跳动。振动应持续到混凝土表面出浆为止，刮除多余的混凝土并用抹刀抹平。

（3）试件用人工插捣时，混凝土拌合物应分两层装入试模，每层装料厚度应大致相等。插捣用的钢制捣棒应为：长600mm，直径16mm，端部磨圆。插捣按螺旋方向从边缘向中心均匀进行。插捣底层时，捣棒应达到试模底面；插捣上层时，捣棒应穿入下层深度为20～30mm。插捣时振捣棒应保持垂直，不得倾斜，并用抹刀沿试模内壁插入数次。每层的插捣次数应根据试件的截面而定，一般为每100cm²截面面积不应少于12次。插捣完后，刮除多余的混凝土，并用抹刀抹平。

（4）采用标准养护的试件，应在温度为（20±5）℃的环境中静置一昼夜～两昼夜，然后编号、拆模。拆模后的试件应立即放在温度为（20±2）℃、湿度为95%以上的标准养护室中养护或在温度为（20±2）℃的不流动的$Ca(OH)_2$饱和溶液中养护。标准养护室内，试件应放在架上，彼此间距应为10～20mm，并应避免用水直接淋刷试件。

采用与构筑物或构件同条件养护的试件，成型后即应覆盖表面，试件的拆模时间可与实际构件的拆模时间相同，拆模后，试件仍需保持同条件养护。

（四）混凝土试件的见证送样

混凝土试件必须由施工单位送样人会同建设单位（或委托监理单位）见证人（有见证人员证书）一起陪同送样。进试验室时，应认真填写好委托单上所要求的全部内容，如工程名称、使用部位、设计强度等级、制作日期、配合比、坍落度等。

三、结果判定与处理

（一）坍落度法

坍落度试验适用于公称最大粒径小于或等于40mm，坍落度不小于10mm的混凝土拌合物稠度测试。

坍落度试验应按下列步骤进行。

（1）湿润坍落度筒及其他用具，并把筒放在不吸水的钢性水平底板上，然后用脚踩住两边的脚踏板，使坍落度筒在装料时保持位置固定。

（2）把按要求取得的混凝土试样用小铲分三层均匀地装入桶内，使捣实后每层高度为筒高的1/3左右。每层用捣棒插捣25次。插捣应沿螺旋方向由外向中心进行，各次插捣应在截面上均匀分布。插捣筒边混凝土时，捣棒可以稍稍倾斜。插捣底层时，捣棒应贯穿整个深度，插捣第二层和顶层时，捣棒应插捣本层至下一层的表面。

浇灌顶层时，混凝土应灌到高出筒口。插捣过程中，如混凝土沉落到低于筒口，则应随时添加。顶层插捣完后，刮去多余的混凝土，并用抹刀抹平。

（3）清除筒边底板上的混凝土后，垂直平稳地提起坍落度筒。坍落度筒的提离过程应在5-10s内完成。

从开始装料到提坍落度筒的整个过程应不间断地进行，并应在150s内完成。

（4）提起坍落度筒后，测量筒高与坍落后混凝土试件最高点之间的高度差，即为该混凝土拌合物的坍落度值。

坍落度筒提离后，如混凝土发生崩坍或一边剪坏现象，则应重新取样另行测定。如第二次试验仍出现上述现象，则表示该混凝土和易性不好，应予记录备查。

（5）观察坍落后的混凝土试件的黏聚性及保水性。黏聚性的检查方法是用捣棒在已坍落的混凝土锥体侧面轻敲打。此时，如果锥体逐渐下沉，则表示黏聚性良好；如果锥体倒塌、部分崩裂或出现离析现象，则表示黏聚性不好。

保水性以混凝土拌合物中稀浆析出的程度来评定，坍落度筒提起后如有较多的稀浆从底部析出，锥体部分的混凝土也因失浆而集料外露，则表明此混凝土拌合物保水性不好。如坍落度筒提起后无稀浆或仅有少量稀浆，自底部析出，则表示此混凝土拌合物保水性良好。

（6）混凝土拌合物坍落度以毫米为单位，结果表达精确至5mm。

（二）维勃稠度法

维勃稠度法适用于集料最大粒径不超过40mm、维勃稠度为5-30 s的混凝土拌合物的稠度测定。坍落度不大于50 mm或干硬性混凝土和维勃稠度大于30 s的特干硬性混凝土拌合物的稠度，可采用增实因数法来测定。维勃稠度试验应按下列步骤进行：

（1）将维勃稠度仪置于坚实、水平的地面上，润湿容器、坍落度筒、喂料斗内壁及其他用具。

（2）将喂料斗转到坍落度筒上方扣紧，校正容器位置，使其轴线与喂料斗轴线重合，然后拧紧固定螺钉。

（3）按标准规定装料、捣实。

（4）转离喂料斗，垂直提起坍落度筒，应防止钢纤维混凝土试体横向扭动。

（5）将透明圆盘转到钢纤维混凝土圆台体上方，放松测杆螺钉，降下圆盘轻轻接触钢纤维混凝土顶面，拧紧定位螺钉。

（6）开启振动台，同时用秒表计时。振动到透明圆盘的底面被水泥浆布满的瞬间，停表计时，并关闭振动台，秒表读数精确至1s。

第六节　基础回填材料

一、基础回填材料概述

（一）土的组成

土的物质成分包括有作为土骨架的固态矿物颗粒、孔隙中的水及其溶解物质以及气体。因此，土是由颗粒（固相）、水（液相）和气（气相）所组成的三相体系。

（二）黏土的可塑性指标

（1）液限：流动状态过渡到可塑状态分界含水量。液限可采用平衡锥式液限仪测定。

（2）塑限：可塑状态下的下限含水量。塑限是用搓条法测定的。

（3）液性指数：液性指数是表示天然含水量与界限含水量相对关系的指标，可塑状态的土的液性指数为0～1，液性指数越大，表示土越软；液性指数大于1的土处于流动状态；液性指数小于0的土则处于固体状态或半固体状态。

（4）塑性指数：可塑性是黏性土区别于砂土的重要特征。可塑性的大小用土处在塑性状态的含水量变化范围来衡量，从液限到塑限含水量的变化范围越大，土的可塑性越好。

塑性指数习惯上用不带%的数值表示。塑性指数是黏土的最基本、最重要的物理指标之一，它综合地反映了黏土的物质组成，广泛应用于土的分类和评价。

（三）击实试验

（1）取一定量的代表性风干土样，对于轻型击实试验为20kg，对于重型击实试验为50kg。

（2）将风干土样碾碎后过5mm的筛（轻型击实试验）或过20mm的筛（重型击实试验），将筛下的土样搅匀，并测定土样的风干含水率。

（3）根据土的塑限预估最优含水率，加水湿润制备不少于5个含水率的试样，含水率一次相差为2%，且其中有两个含水率大于塑限，两个含水率小于塑限，一个含水率接近塑限。

（4）将试样2.5kg（轻型击实试验）或5.0kg（重型击实试验）平铺于不吸水的平板上，按预定含水率用喷雾器喷洒所需的加水量，充分搅和并分别装入塑料袋中静置24 h。

（5）将击实筒固定在底板上，装好护筒，并在击实筒内壁涂一薄层润滑油，将搅和的试样2～5kg分层装入击实筒内。两层接触土面应刨毛，击实完成后，超出击实筒顶的试样高度应小于6 mm。

（6）取下导筒，用刀修平超出击实筒顶部和底部的试样，擦净击实筒外壁，称击实筒与试样的总质量，准确至1g，并计算试样的湿密度。

（7）用推土器将试样从击实筒中推出，从试样中心处取两份一定量土料（轻型击实试验15～30 g，重型击实试验50～100g）测定土的含水率，两份土样含水率的差值应不大于1%。

二、取样方法

（一）取样数量

土样取样数量，应依据现行国家标准及所属行业或地区现行标准执行。

（1）柱基、基槽管沟、基坑、填方和场地平整的回填。

柱基：抽检柱基的10%，但不少于5组；

基槽管沟：每层按长度20～50m取一组，但不少于一组；

基坑：每层100～500 m^{2}取一组，但不少于一组；

填方：每层100～500 m^{2}取一组，但不少于一组；

场地平整：每层400～900 m^{2}取一组，但不少于一组。

（2）灌砂或灌水法所取数量可较环刀法适当减少。

（二）取样须知

（1）采取的土样应具有一定的代表性，取样量应能满足试验的要求。

（2）鉴于基础回填材料基本上是扰动土，在按设计要求及所定的测点处，每层应按要求夯实，采用环刀取样时，应注意以下事项：①现场取样必须是在见证人监督下，由取样人员按要求在测点处取样，而取样、见证人员必须通过资格考核；②取样时，应使环刀在测点处垂直而下，并应在夯实层2/3处取样；③取样时，应注意免使土样受到外力作用，环刀内充满土样，如果环刀内土样不足，应将同类土样补足；④尽量使土样受最低程度的扰动，并使土样保持天然含水量；⑤如果遇到原状土测试情况，除土样尽可能免受扰动外，还应注意保持土样的原状结构及其天然湿度。

（三）土样存放及运送

在现场取样后，原则上应及时将土样运送到试验室。土样存放及运送中，还应注意以下事项：

1.土样存放

（1）将现场采取的土样，立即放入密封的土样盒或密封的土样筒内，同时贴上相应的标签。

（2）如无密封的土样盒和密封的土样筒时，可将取得的土样用砂布包裹，并用蜡融封密实。

（3）密封的土样宜放在室内常温处，使其避免日晒、雨淋及冻融等有害因素的影响。

2.土样运送

关键问题是使土样在运送过程中少受振动。

（四）送样要求

为确保基础回填的公正性、可靠性和科学性，有关人员应认真、准确地填写好土样试验的委托单、现场取样记录及土样标签的有关内容。

1.土样试验委托单

在见证人员的陪同下，送样人员应准确填写下述内容：委托单位、工程名称、试验项目、设计要求、现场土样的鉴别名称、夯实方法、测点标高、测点编号、取样日期、取样地点、填单日期、取样人、送样人、见证人以及联系电话等。同时，应附上测点平面图。

2.现场取样记录

测点标高、部位及相对应的取样日期；取样人、见证人。

3.土样标签

标签纸以选用韧质纸为佳，土样标签编号应与现场取样记录上的编号一致。

三、结果判定与处理

（一）填土压实的质量检验

（1）填土施工过程中应检查排水措施，每层填筑厚度、含水量控制和压实程序。

（2）填土经夯实后，要对每层回填土的质量进行检验，一般采用环刀法取样测定土的干密度，符合要求才能填筑上层。

（3）按填筑对象不同，规范规定了不同的抽取标准：基坑回填，每20 ~ 50 m^3取样一组；基槽或管沟，每层按长度20 ~ 50 m取样一组；室内填土，每层按100 ~ 500 m^2取样一组；场地平整填方每层按400 ~ 900 m^2取样一组。取样部位在每层压实后的下半部，用灌砂法取样应为每层压实后的全部深度。

（4）每项抽检之实际干密度应有90%以上符合设计要求，其余10%的最低值与设计值的差不得大于0.08 t/m^3，且应分散，不得集中。

（5）填土施工结束后应检查标高、边坡坡高、压实程度。

（二）处理程序

（1）填土的实际干密度应不小于实际规定控制的干密度：当实测填土的实际干密度小于设计规定控制的干密度时，则该填土密实度判为不合格，应及时查明原因后，采取有效的技术措施进行处理，然后再对处理好后的填土重新进行干密度检验，直到判为合格为止。

（2）填土没有达到最优含水量时：当检测填土的实际含水量没有达到该填土土类的最优含水量时，可事先向松散的填土均匀洒适量水，使其含水量接近最优含水量后，再加振、压、夯实后，重新用环刀法取样，检测新的实际干密度，务必使实际干密度不小于设计规定控制的干密度。

（3）当填土含水量超过该填料最优含水量时：尤其是用黏性土回填，当含水量超过最优含水量再进行振、压、夯实时易形成“橡皮土”，这就需采取如下技术措施后，还必须使该填料的实际干密度不小于设计规定控制的干密度。①开槽晾干；②均匀地向松散填土内掺入同类干性黏土或刚化开的熟石灰粉；③当工程量不大，而且以夯压成“橡皮土”，则可采取“换填法”，即挖去已形成的“橡皮土”后，填入新的符合填土要求的填料；④对黏性土填土的密实措施中，决不允许采用灌水法。因黏性水浸后，其含水量超过黏性土的最优含水量，在进行压、夯实时，易形成“橡皮土”。

（4）换填法用砂（或砂石）垫层分层回填时：①每层施工中，应按规定用环刀现场取样，并检测和计算出测试点砂样的实际干密度；②当实际干密度未达到设计要求或事先由试验室按现场砂样测算出的控制干密度值时，应及时通知现场，在该取样处所属的范围进行重新振、压、夯实；③当含水量不够时（即没达到最优含水量），应均匀地加洒水后再进行振、压、夯实；④经再次振压实后，还需在该处范围内重新用环刀取样检测，务必使新检测的实际干密度达到规定要求。

第五章　桩基质量检测

第一节　桩基概述

一、概述

桩基础是现在应用非常广泛的一种基础形式，而且桩基础历史悠久。早在新石器时代，人们为了防止猛兽侵犯，曾在湖泊和沼泽地里栽木桩筑平台来修建居住点。这种居住点称为湖上住所。在中国，最早的桩基是在浙江省河姆渡的原始社会居住的遗址中发现的。到宋代，桩基技术已经比较成熟，在《营造法式》中载有临水筑基第一节。到了明、清两朝，桩基技术更趋完善，如清朝《工部工程做法》一书，对桩基的选料、布置和施工方法等方面都有了规定。从北宋一直保存到现在的上海市龙华镇龙华塔（建于北宋太平兴国二年，977年）和山西太原市晋祠圣母殿（建于北宋天圣年间，1023—1031年），都是中国现存的采用桩基的古建筑。

人类应用木桩经历了漫长的历史时期，直到19世纪后期，钢筋、水泥和钢筋混凝土相继问世，木桩逐渐被钢桩和钢筋混凝土桩取代。最先出现的是打入式预制桩，随后发展了灌注桩。后来，随着机械设备的不断改进和高层建筑对桩基的需要产生了很多新的桩型，开辟了桩利用的广阔天地。近年来，由于高层建筑和大型构筑物的大量兴建，桩基显示出卓越的优越性，其巨大的承载潜力和抵御复杂荷载的特殊本质以及对各种地质条件的良好适应性，使桩基已成为高层建筑的主要基础。

桩基工程除因受岩石工程条件、基础与结构设计、机土体系相互作用、施工以及专业技术水平和经验等因素的影响而具有复杂性外，桩的施工还具有高度的隐蔽性，发现质量问题难，事故处理更难。特别是近年来许多新型桩型，给施工工艺的控制措施提出了更高的要求。因此，桩基检测工作是整个桩基工程中不可缺少的环节，只有提高桩基检测工作的质量和检测评定结果的可靠性，才能真正地确保桩基工作的质量安全。人类活动的日益增多和科学技术的进步，使得这一领域的理论研究和工程运用都得到了较大的发展。但是桩基检测是一项复杂的系统工程，如何快速、准确地检验工程桩的质量，以满足日益增长的桩基工程的需要是目前土木工程界十分关心的问题。

桩基础如果出现问题将直接危及主体结构的正常使用与安全。我国每年的用桩量超过300万根，其中，沿海地区和长江中下游软土地区占70%～80%。如此大的用桩量，如何保证质量，一直备受建设、施工、设计、勘察、监理各方以及建设行政主管部门的关注。只有提高基桩检测工作质量和检测评定结果的可靠性，才能真正做到确保桩基工程质量与安全。基桩检测技术是用特定的设备、仪器检测基桩的某些指标如承载力、桩身完整性等，从而给出整个桩基工程关于施工质量的评价。20世纪80年代以来，我国基桩检测技术得到了飞速的发展。

二、桩基的基本知识

（一）桩基的定义

桩基础简称桩基，是深基础应用最多的一种基础形式，主要用于地质条件较差或者建筑要求较高的情况。由桩和连接桩顶的桩承台组成的深基础或由柱与桩基连接的单桩基础，简称基桩。由基桩和连接于桩顶的承台共同组成。若桩身全部埋于土中，承台底面与土体接触，则称为低承台桩基；若桩身上部露出地面而承台底位于地面以上，则称为高承台桩基。建筑桩基通常为低承台桩基础。桩基础作为建筑物的主要形式，近年来发展迅速。

（二）桩基的作用和特点

桩基的作用是将上部建筑物的荷载传递到深处承载力较强的土层上，或将软弱土层挤密实以提高地基土的承载能力和密实度。

（1）桩支承于坚硬的（基岩、密实的卵砾石层）或较硬的（硬塑黏性土、中密砂等）持力层，具有很高的竖向单桩承载力或群桩承载力，足以承担高层建筑的全部竖向荷载（包括偏心荷载）。

（2）桩基具有很大的竖向单桩刚度（端承桩）或群刚度（摩擦桩），在自重或相邻荷载的影响下，不产生过大的不均匀沉降，并确保建筑物的倾斜不超过允许范围。

（3）凭借巨大的单桩侧向刚度（大直径桩）或群桩基础的侧向刚度及其整体抗倾覆能力，抵御由于风和地震引起的水平荷载与力矩荷载，保证高层建筑的抗倾覆稳定性。

（4）桩身穿过可液化土层而支承于稳定的坚实土层或嵌固于基岩，在地震造成浅部土层液化与震陷的情况下，桩基凭靠深部稳固土层仍具有足够的抗压与抗拔承载力，从而确保高层建筑的稳定，且不产生过大的沉陷与倾斜。常用的桩型主要有预制钢筋混凝土桩、预应力钢筋混凝土桩、钻（冲）孔灌注桩、人工挖孔灌注桩、钢管桩等。

（三）桩基的适用范围

桩基多用于地震区、湿陷性黄土地区、软土地区、膨胀土地区和冻土地区。通常在下列情况下，可以采用桩基：

（1）当建筑物荷载较大，地基软弱，采用天然地基时地基承载力不足或沉降量过大时，需采用桩基。

（2）即使天然地基承载力满足要求，但因采用天然地基时沉降量过大，或是建筑物较为重要，对沉降要求严格时，需采用桩基。

（3）高层建筑物或构筑物在水平力作用下为防止倾覆，可采用桩基来提高抗倾覆稳定性，此时部分桩将受到上拔力；对限制倾斜有特殊要求时，往往也需要采用桩基。

（4）为防止新建建筑物地基沉降对邻近建筑物产生影响，对新建建筑物可采用桩基，以避免这种危害。

（5）设有大吨位的重级工作制吊车的重型单层工业厂房，吊车载重量大，使用频繁，车间内设备平台多，基础密集，且一般均有地面荷载，因而地基变形大，这时可采用桩基。

（6）精密设备基础安装和使用过程中对地基沉降及沉降速率有严格要求；

动力机械基础对允许振幅有一定要求。这些设备基础常常需要采用桩基础。

（7）在地震区，采用桩穿过液化土层并伸入下部密实稳定土层，可消除或减轻液化对建筑物的危害。

（8）浅层土为杂填土或欠固结土时，采用换填或地基处理困难较大或处理后仍不能满足要求，采用桩基是较好的解决方法。

（9）已有建筑物加层、纠偏、基础托换时可采用桩基。

（四）桩基的分类

1.按受力情况分类

（1）端承桩。端承桩是穿过软弱土层而达到坚硬土层或岩层上的桩，上部结构荷载主要由岩层阻力承受，施工时，以控制贯入度为主，桩尖进入持力层深度或桩尖标高可作参考。

（2）摩擦桩。完全设置在软弱土层中，将软弱土层挤密实，以提高土的密实度和承载能力，上部结构的荷载由桩尖阻力和桩身侧面与地基土之间的摩擦阻力共同承受，施工时，以控制桩尖设计标高为主，贯入度可作参考。

2.按承台位置的高低分

（1）高承台桩基础。承台底面高于地面，它的受力和变形不同于低承台桩基础，一般应用在桥梁、码头工程中。

（2）低承台桩基础。承台底面低于地面，一般用于房屋建筑工程中。

3.按施工方法分类

（1）预制桩。预制桩是在预制构件厂或施工现场预制，用沉桩设备在设计位置上将其沉入土中的桩。预制桩可分为混凝土预制桩、钢桩和木桩；沉桩方式为锤击打入、振动打入和静力压入等。

预制桩的优点：桩的单位面积承载力较高，由于其属挤土桩，桩打入后其周围的土层被挤密，从而提高地基承载力；桩身质量易于保证和检查；适用于水下施工；桩身混凝土的密度大，抗腐蚀性能强；施工工效高。因其打入桩的施工工序较灌注桩简单，工效也高。

预制桩的缺点：单价相对较高；锤击和振动法下沉的预制桩施工时，振动噪声大，影响周围环境，不宜在城市建筑物密集的地区使用，一般需改为静压桩机进行施工；预制桩是挤土桩，施工时易引起周围地面隆起，有时还会引起已就位邻桩上浮；受起吊设备能力的限制，单节桩的长度不能过长，一般为10余米。长桩需接桩时，接头处形成薄弱环节，如不能确保全桩长的垂直度，则将降低桩的承载能力，甚至还会在打桩时出现断桩；不易穿透较厚的坚硬地层，当坚硬地层下仍存在需穿过的软弱层时，则需辅以其他施工措施，如采用预钻孔（常用的引孔方法）等。

（2）灌注桩。灌注桩是在桩位处成孔，然后放入钢筋骨架，再浇筑混凝土而成的桩。种类繁多，大体可归纳为沉管灌注桩和钻（冲、磨、挖）孔灌注桩两类；采用套管或沉管护壁、泥浆护壁和干作业等方法成孔。

灌注桩的优点：适用于不同土层；桩长可因地改变，没有接头；仅承受轴向压力时，只需配制少量构造钢筋，需配制钢筋笼时，按工作荷载要求布置，节约了钢材（相对于预制桩是按吊装、搬运和压桩应力来设计钢筋）；正常情况下，比预制桩经济；单桩承载力大（采用大直径钻孔和挖孔灌注桩时）；振动小、噪声小。

灌注桩的缺点：桩身质量不易控制，容易出现断桩、缩颈、露筋和夹泥的现象；桩身直径较大，孔底沉积物不易清除干净（除人工挖孔灌注桩外），因而单桩承载力变化较大；一般不宜用于水下桩基。

4.按施工材料分类

（1）混凝土桩。由钢筋混凝土材料制作，分方形实心断面桩和圆柱体空心断面桩两类。钢筋混凝土桩是我国目前广泛采用的一种桩型。

混凝土桩的优点：承载力较高，受地下水变化影响较小；制作便利，既可以现场预制，也可以工厂化生产；可根据不同地质条件，生产各种规格和长度的桩；桩身质量可靠，施工质量比灌注桩易于保证；施工速度快。

混凝土桩的缺点：因设计范围内地层分布很不均匀，基岩持力层顶面起伏较大，桩的预制长度较难掌握；打入时冲击力大，对预制桩本身强度要求高，其成本较高。

（2）钢桩。由钢材料制作，常用的有开口或闭口的钢管桩以及H型钢桩等。在沿海及内陆冲积平原，土质很厚（深达50～60m）的软土层采用一般桩基，沉桩需很大的冲击力，常规钢筋混凝土桩很难适应，此时多用钢桩。

钢桩的优点：重量轻，钢性好，装卸、运输方便，不易损坏；承载力高，桩身不易损坏，并能获得极大的单桩承载力；沉桩接桩方便，施工速度快。

钢桩的缺点：抗腐蚀性较差；耗钢量大，工程造价较高；打桩机设备比较复杂，振动及噪声较大。

（3）木桩。木桩常用松木、杉木制作。其直径（尾径）为160～260mm，桩长一般为4～6m。木桩现在已经很少使用，只在木材产地和某些应急工程中使用。

木桩的优点：木材自重小，具有一定的弹性和韧性；便于加工、运输和设置。木桩的缺点：承载力很小；在干湿交替的环境中极易腐烂。

（4）砂石桩。砂桩和砂石桩统称砂石桩，是指用振动、冲击或水冲等方式在软弱地基中成孔后，再将砂或砂卵石（砾石、碎石）挤压入土孔中，形成大直径的砂或砂卵石（砾石、碎石）所构成的密实桩体，它是处理软弱地基的一种常用的方法。砂石桩地基主要适用于挤密松散砂土、素填土和杂填土等地基，对建在饱和黏性土地基上主要不以变形控制为主的工程，也可采用砂石桩作置换处理。

（5）灰土桩。主要用于地基加固。灰土桩地基是挤密桩地基处理技术的一种，是利用锤击将钢管打入土中侧向挤密成孔，将钢管拔出后在桩孔中分层回填2：8或3：7灰土夯实而成，与桩间土共同组成复合地基以承受上部荷载。

5.按成桩方法分类

（1）非挤土桩：干作业法、泥浆护壁法、套管护壁法。

（2）部分挤土桩：部分挤土灌注桩、预钻孔打入式预制桩、打入式敞口桩。

（3）挤土桩：挤土灌注桩挤土预制桩（打入或静压）。

6.按桩径大小分类

（1）小桩：d=250mm（d为桩身设计直径）。

（2）中等直径桩：250mm<d<800mm。

（3）大直径桩：d=800mm。

三、桩基质量检测基本规定

（一）桩基检测的方法

桩质量通常存在两个方面的问题：一是属于桩身完整性，常见的缺陷有夹泥、断裂、缩颈、护颈、混凝土离析及桩顶混凝土密实度较差等；二是灌注混凝土前清孔不彻底，孔底沉淀厚度超过规定极限，影响承载力。目前的桩基检测方法主要针对这两个问题。

桩身完整性是指桩身长度和截面尺寸、桩身材料密实性和连续性的综合状况。常用桩身完整性检测方法有超声波检测法、钻芯法、低应变动力检测法等。

超声波检测法是根据声波透射或折射原理，在桩身混凝土内发射并接收超声波，通过实测超声波在混凝土介质中传播的历时、波幅和频率等参数的相对变化来分析、判断桩身完整性的检测方法。超声脉冲波在混凝土中传播速度的快慢，与混凝土的密实程度有直接关系，声速高则混凝土密实，反之则混凝土不密实。当有空洞或裂缝存在时，超声脉冲波只能绕过空洞或裂缝传播到接收换能器，因此，传播的路程增大，测得声时必然偏长或声速降低。混凝土内部有着较大的声阻抗差异，并存在许多声学界面。超声脉冲波在混凝土中传播时，遇到蜂窝、空洞或裂缝等缺陷，便在缺陷界面发生反射和散射，声能被衰减，其中，频率较高的成分衰减更快，因此，接收信号的波幅明显降低，频率明显减小或者频率谱中高频成分明显减少。利用这些声波特征参数（声时、波幅和频率）来判别桩身的完整性。

钻芯法是指采用岩芯钻探技术和施工工艺，在桩身上沿长度方向钻取混凝土芯样及桩端岩土芯样，通过对芯样的观察和测试，用以评价成桩质量的检测方法。它是目前常用的方法，测定结果能较好地反映粉喷桩的整体质量。

低应变动力检测法是在桩顶施加低能量冲击荷载，实测加速度（或速度）时程曲线，运用一维线性波动理论的时程和频域进行分析，对被检桩的完整性进行评判的检测方法。低应变动力检测法类型反射波法、机械阻抗法、水电效应法、动力参数法、共振法、球击法等。目前应用最为广泛的有反射波法和机械阻抗法。

基桩承载力检测有两种方法：一种是静荷载试验法，另一种是高应变动力检测法。静荷载试验检测：利用堆载或锚桩等反力装置，由千斤顶施力于单桩，并记录被测对象的位移变化，由获得的力与位移曲线，或位移时间曲线等资料判断基桩承载力。在本章第二节会详细介绍静荷载法。

高应变动力检测：用重锤冲击桩顶，使桩土产生足够的相对位移，以充分激发桩周土阻力和桩端支承力，安装在桩顶以下桩身两侧的力和加速度传感器接收桩的应力波信号，应用应力波理论分析处理力和速度时程曲线，从而判定桩的承载力和评价桩身质量完整性。

（二）桩基检测的数量

（1）当设计有要求或满足下列条件之一时，施工前应采用静载试验确定单桩竖向抗压承载力特征值：设计等级为甲级、乙级的桩基；地质条件复杂、桩施工质量可靠性低；本地区采用的新桩型或新工艺。检测数量在同一条件下不应少于3根，且不宜少于总桩数的1%；当工程桩总数在50根以内时，不应少于2根。

（2）打入式预制桩有下列条件要求之一时，应采用高应变法进行试打桩的打桩过程监测：控制打桩过程中的桩身应力；选择沉桩设备和确定工艺参数；选择桩端持力层。在相同施工工艺和相近地质条件下，试打桩数量不应少于3根。

（3）混凝土桩的桩身完整性检测的抽检数量应符合下列规定：①柱下三桩或三桩以下的承台抽检桩数不得少于1根；②设计等级为甲级或地质条件复杂。成桩质量可靠性较低的灌注桩，抽检数量不应少于总桩数的30%，且不得少于20根；其他桩基工程的抽检数量不应少于总桩数的20%，且不得少于10根。

注：对端承型大直径灌注桩，应在上述两款规定的抽检桩数范围内，选用钻芯法或声波透射法对部分受检桩进行桩身完整性检测。抽检数量不应少于总桩数的10%。地下水位以上且终孔后桩端持力层已通过核验的人工挖孔桩，以及单节混凝土预制桩，抽检数量可适当减少，但不应少于总桩数的10%，且不应少于10根。

（4）对单位工程内且在同一条件下的工程桩，当符合下列条件之一时，应采用单桩竖向抗压承载力静载试验进行验收检测：设计等级为甲级的桩基；地质条件复杂、桩施工质量可靠性低；本地区采用的新桩型或新工艺；挤土群桩施工产生挤土效应。抽检数量不应少于总桩数的1%，且不少于3根；当总桩数在50根以内时，不应少于2根。

第二节　单桩竖向抗压静载试验

一、单桩竖向抗压静载试验概述

单桩竖向抗压静载试验采用接近于竖向抗压桩的实际工作条件的试验方法，确定单桩竖向抗压承载力，是目前公认的检测基桩竖向抗压承载力最直观、最可靠的试验方法。适用于能达到试验目的的刚性桩（如素混凝土桩、钢筋混凝土桩、钢桩等）及半刚性桩（如水泥搅拌桩、高压旋喷桩等）。

单桩竖向抗压静载试验法技术简单，还能提供可靠度较高的实测数据，能够较直接地反映桩在实际工作中的状况。但是，单桩竖向抗压静载试验检测周期较长，对工期有一定的影响，费用较高，对检测环境要求高，设备安装与搬运极为不便。对承载力较高的桩，检测费用也急剧增加，有时也很难实现采用静载荷试验来检测承载力很高的大直径灌注桩。

单桩竖向抗压静载试验主要用于确定单桩竖向抗压极限承载力；判定竖向抗压承载力是否满足设计要求；通过桩身内力及变形测试测定桩侧、桩端阻力、验证高应变法及其他检测方法的单桩竖向抗压承载力检测结果。单桩竖向抗压静载试验和工程验收为设计提供依据。

二、桩的极限状态和破坏模式

（一）桩基础的承载力

单桩承载力的确定是桩基设计的重要内容，而要正确地确定单桩承载力又必须了解桩—土体系的荷载传递，包括桩侧摩阻力和桩端阻力的发挥性状与破坏机理。

（二）桩的荷载传递机理

地基土对桩的支承由两部分组成：桩端阻力和桩侧摩阻力。实际上，桩侧摩阻力和桩端阻力不是同步发挥的。

竖向荷载施加于桩顶时，桩身的上部首先受到压缩而发生相对于土的向下位移，于是桩周土在桩侧界面上产生向上的摩阻力。荷载沿桩身向下传递的过程就是不断克服这种摩阻力并通过它向土中扩散的过程。

对10根桩长为27～46m的大直径灌注桩的荷载传递性能的足尺试验表明，桩侧发挥极限摩阻力所需要的位移很小，黏性土为1～3mm，无黏性土为5～7mm；除两根支承于岩石的桩外，其余各桩（桩端持力层为卵石、砾石、粗砂或残积粉质黏土）在设计工作荷载下，端承力都小于桩顶荷载的10%。

（三）单桩荷载传递的基本规律

基础的功能在于把荷载传递给地基土。作为桩基主要传力构件的桩是一种细长的杆件，它与土的界面主要为侧表面，底面只占桩与土的接触总面积的很小部分（一般低于1%），这就意味着桩侧界面是桩向土传递荷载的重要的甚至是主要的途径。

竖向荷载施加于桩顶时，桩身的上部首先受到压缩而发生相对于土的向下位移，于是桩周土在桩侧界面上产生向上的摩阻力。荷载沿桩身向下传递的过程就是不断克服这种摩阻力并通过它向土中扩散的过程。

设桩身轴力为Q，桩身轴力是桩顶荷载N与深度Z的函数，Q=f（N、Z）。

桩身轴力Q沿着深度而逐渐减小；在桩端处Q则与桩底土反力相平衡，同时，桩端持力层土在桩底土反力作用下产生压缩，使桩身下沉，桩与桩间土的相对位移又使摩阻力进一步发挥。随着桩顶荷载N的逐级增加，对于每级荷载，上述过程周而复始地进行，直至变形稳定为止，于是荷载传递过程结束。

由于桩身压缩量的累积，上部桩身的位移总是大于下部，因此，上部的摩阻力总是先于下部发挥出来；桩侧摩阻力达到极限之后就保持不变；随着荷载的增加，下部桩侧摩阻力被逐渐调动出来，直至整个桩身的摩阻力全部达到极限，继续增加的荷载就完全由桩端持力层土承受；当桩底荷载达到桩端持力层土的极限承载力时，桩便发生急剧的、不停滞的下沉而破坏。

桩的长径比L/d是影响荷载传递的主要因素之一，随着长径比L/d的增大，桩端土的性质对承载力的影响减小，当长径比L/d接近100时，桩端土性质的影响几乎等于零。发现这一现象的重要意义在于纠正了“桩越长，承载力越高”的片面认识。希望通过加大桩长将桩端支承在很深的硬土层上以获得高的端阻力的方法是很不经济的，增加了工程造价，但并不能提高很多的承载力。

桩的破坏模式主要取决于桩周围的土的抗剪强度以及桩的类型。大体可分为五种破坏模式。

（1）桩端支撑在很硬的地层上，桩周土层太软弱，对桩体的约束力或侧向抵抗力很低，桩的破坏类似于柱子的压屈。

（2）桩（桩径相对较大）穿过抗剪强度较低的土层，达到高强度的土层。假如在桩端以下没有较软弱的土层，那么，当荷载增加时将出现整体剪切破坏，因为桩端以上的软弱土层不能阻止滑动土楔的形成。桩杆摩阻力的作用是很小的，因为下面的土层将阻止出现大的沉降。荷载沉降曲线类似于密实土上的浅基础。

（3）桩周土的抗剪强度相当均匀，很可能出现刺入破坏。在荷载—沉降曲线上没有竖直向的切线，没有明确的破坏荷载。荷载由桩端阻力及表面摩阻力共同承担。

（4）上部下层的抗剪强度较大，桩尖处的土层软弱。桩上的荷载由摩阻力支撑，桩端阻力不起作用。这种情况下是不适于采用桩基的。

（5）桩上作用着拔出荷载，桩端阻力为零。

三、仪器设备及桩头处理

（一）单桩竖向静载试验设备

静载试验设备主要包括钢梁、锚桩或压重等反力装置；千斤顶、油泵加载装置；压力表、压力传感器或荷载传感器等荷载测量装置；百分表或位移传感器等位移测量装置。

1.反力装置

静载试验加载反力装置包括锚桩横梁反力装置、压重平台反力装置、锚桩压重联合反力装置、地锚反力装置、岩锚反力装置、静力压机等，最常用的有压重平台反力装置和锚桩横梁反力装置，可依据现场实际条件来合理选择。

（1）钢梁。压重平台反力装置的主梁和次梁是受均布荷载作用，而锚桩横梁反力装置的主梁和次梁则受集中荷载作用。主梁的最大受力区域在梁的中部，所以，在实际加工制作时，一般在主梁的中部占1/4～1/3主梁长度处进行加强处理。

（2）锚桩横梁反力装置。锚桩横梁反力装置就是将被测桩周围对称的几根锚桩用锚筋与反力架连接起来，依靠桩顶的千斤顶将反力架顶起，由被连接的锚桩提供反力，是大直径灌注桩静载试验最常用的加载反力系统，由试桩、锚桩、主梁、次梁、拉杆、锚笼、千斤顶等组成。锚桩、反力梁装置提供的反力不应小于预估最大试验的1.2～1.5倍。当采用工程桩作锚桩时，锚桩数量不得少于4根。当要求加载值较大时，有时需要6根甚至更多的锚桩，应注意监测锚桩的上拔量。

（3）压重平台反力装置。压重平台反力装置就是在桩顶使用钢梁设置一承重平台，上堆重物，依靠放在桩头上的千斤顶将平台逐步顶起，从而将力施加到桩身。压重平台反力装置由重物、次梁、主梁、千斤顶等构成，常用的堆重重物为砂包和钢筋混凝土构件，少数用水箱、砖、铁块等，甚至就地取土装袋。反力装置的主梁可以选用型钢，也可以用自行加工的箱梁，平台形状可以依据需要，设置为方形或矩形。压重不得少于预估最大试验荷载的1.2倍，且压重宜在试验开始之前一次加上，并均匀稳固地放置于平台之上。

（4）锚桩压重联合反力装置。锚桩压重联合反力装置应注意两个方面的问题：一是当各锚桩的抗拔力不一样时，重物应相对集中在抗拔力较小的锚桩附近；二是重物和锚桩反力的同步性问题，拉杆应预留足够的空隙，保证试验前期锚桩暂不受力，先用重物作为试验荷载，试验后期联合反力装置共同起作用。当试桩最大加载量超过锚桩的抗拔能力时，可在横梁上放置或悬挂一定重物，由锚桩和重物共同承受千斤顶加载反力。

（5）地锚反力装置。地锚反力装置根据螺旋钻受力方向的不同可分斜拉式和竖直式，斜拉式中的螺旋钻受土的竖向阻力和水平阻力，竖直式中的螺旋钻只受土的竖向阻力，是适用于较小桩（吨位在1000kN以内）的试验加载。这种装置小巧轻便、安装简单、成本较低，但存在荷载不易对中、油压产生过冲的问题，若在试验中一旦拔出，地锚试验将无法继续下去。

2.加载和荷载测量装置

静载试验均采用千斤顶与油泵相连的形式，由千斤顶施加荷载。荷载测量可采用以下两种形式：一是通过放置在千斤顶上的荷重传感器直接测定；二是通过并联于千斤顶油路的压力表或压力传感器测定油压，根据千斤顶率，定曲线换算荷载。

（1）千斤顶。目前市场上有两类千斤顶，一类是单油路千斤顶，另一种是双油路千斤顶。不论采用哪一类千斤顶，油路的“单向阀”应安装在压力表和油泵之间，不能安装在千斤顶和压力表之间，否则压力表无法监控千斤顶的实际油压值。选择千斤顶时，最大试验荷载对应的千斤顶出力宜为千斤顶量程的30%～80%。当采用两台及以上千斤顶加载时，为了避免受检桩偏心受荷，千斤顶型号、规格应相同且应并联同步工作。工作时，将千斤顶在试验位置点正确对正放置，并使千斤顶位于下压和上顶的传力设备合力中心轴线上。

（2）压力表。精密压力表使用环境温度为（20±3）℃，空气相对湿度不大于80%，当环境温度太低或太高时应考虑温度修正。采用压力表测定油压时，为保证静载试验测量精度，压力表准确度等级应优于或等于0.4级，不得使用1.5级压力表作加载控制。根据千斤顶的配置和最大试验荷载要求，合理选择油压表（量程有25MPa、40MPa、60MPa、100MPa等）。最大试验荷载对应的油压不宜小于压力表量程的1/4，也不宜大于压力表量程的2/3。

（3）荷重传感器和压力传感器。选用荷重传感器和压力传感器要注意量程和精度问题，测量误差不应大于1%。压力表、油泵、油管在最大加载时的压力不应超过规定工作压力的80%。

3.移位称测量装置

（1）基准梁。基准梁宜采用工字钢，高跨比不宜小于1/40，一端固定在基准桩上，另一端简支于基准桩上，以减少温度变化引起的基准梁挠曲变形。不应简单地将基准梁放置在地面上，或不打基准桩而架设在砖上。在满足规范规定的条件下，基准梁不宜过长并应采取有效遮挡措施以减少温度变化和刮风下雨、振动及其他外界因素的影响，尤其在昼夜温差较大且白天有阳光照射时更应注意。一般情况下，温度对沉降的影响为1～2mm。

（2）基准桩。要求试桩、锚核压重平台支墩边和基准桩之间的中心距离大于4倍试桩和锚桩的设计直径且大于2.0m。考虑到现场试验中的困难，对部分间距的规定放宽为“不小于3D”（D为试桩、锚桩或地锚的设计直径或边宽，取其较大者）。

（3）百分表和位移传感器。沉降测量宜采用位移传感器或大量程百分表。常用的百分表量程有50mm、30mm、10mm，要求沉降测量误差不大于0.1%FS，分辨力优于或等于0.01mm。沉降测定平面宜在桩顶200mm以下位置，最好不小于0.5倍桩径，测点表面需经一定处理，使其牢固地固定于桩身；不得在承压板上或千斤顶上设置沉降观测点，避免因承压板变形导致沉降观测数据失实。在量测过程中要经常注意即将发生的位移是否会很大，以致可能造成测杆与测点脱离接触或测杆被顶死的情况，所以要及时观察调整。

（二）桩头处理

静载试验前需对试验桩的桩头进行加固处理。混凝土桩桩头处理应先凿掉桩顶部的松散破碎层和低强度混凝土，露出主筋，冲洗干净桩头后再浇筑桩帽。

（1）桩帽顶面应水平、平整、桩帽中轴线与原桩身上部的中轴线严格对中，桩帽面积大于等于原桩身截面面积，桩帽截面形状可为圆形或方形。

（2）桩帽主筋应全部直通至桩帽混凝土保护层之下，如原桩身露出主筋长度不够时，应通过焊接加长主筋，各主筋应在同一高度上，桩帽主筋应与原桩身主筋按规定焊接。

（3）距桩顶1倍桩径范围内，宜用3 ~ 5mm厚的钢板围裹，或距桩顶1.5倍桩径范围内设置箍筋，间距不宜大于150mm。桩帽应设置钢筋网片3 ~ 5层，间距为80 ~ 150mm。

（4）桩帽混凝土强度等级宜比桩身混凝土提高1 ~ 2级，且不低于C30。

（5）新接桩头宜用C40的混凝土将原桩身接长。在接桩前必须将原桩头浮浆及泥土等清理干净且打毛至完整的水平截面，以保证新接桩头与原桩头紧密结合；浇筑混凝土时必须充分振捣，以保证接桩质量。

四、检测技术

单桩竖向抗压静载试验如下：

（一）现场检测

现场检测应符合以下规定：

（1）试验桩的桩型尺寸、成桩工艺和质量控制标准应与工程桩一致。

（2）试验桩桩顶部宜高出试坑底面，试坑底面宜与桩承台底标高一致。

（3）对作为锚桩用的灌注桩和有接头的混凝土预制桩，检测前宜对其桩身完整性进行检测。

（二）试验加、卸载方式应符合下列规定

（1）加载应分级进行，采用逐级等量加载；分级荷载宜为最大加载量或预估极限承载力的1/10，其中，第一级可取分级荷载的两倍。

（2）卸载应分级进行，每级卸载量取加载时分级荷载的两倍，且应逐级等量卸载。

（3）加、卸载时应使荷载传递均匀、连续、无冲击，且每级荷载在维持过程中的变化幅度不得超过分级荷载的±10%。

（三）慢速维持荷载法试验

（1）加载应分级进行，每级荷载施加后按第5min、第15min、第30min、第45min、第60min测读桩顶沉降量，以后每隔30min测读一次。

（2）试桩沉降相对稳定标准：每一小时内的桩顶沉降量不超过0.1mm，并连续出现两次（从分级荷载施加后第30min开始，按1.5h连续三次每30min的沉降观测值计算）。

（3）当桩顶沉降速率达到相对稳定标准时，再施加下一级荷载。

（4）卸载时应分级进行，每级荷载维持1h，按第15min、第30min、第60min测读桩顶沉降量后，即可卸下一级荷载。卸载至零后，应测读桩顶残余沉降量，维持时间为3h，测读时间为第15min、第30min，以后每隔30min测读一次桩顶残余沉降量。

（四）快速维持荷载法

（1）加载应分级进行，每级荷载施加后按第5min、第15min、第30min测读

桩顶沉降量，以后每隔15min测读一次。

（2）试桩沉降相对稳定标准：加载时每级荷载维持时间不少于1h，最后15min时间间隔的桩顶沉降增量小于相邻15min时间间隔的桩顶沉降增量。

（3）当桩顶沉降速率达到相对稳定标准时，再施加下一级荷载。

（4）卸载应分级进行，每级荷载维持15min，按第5min、第15min测读桩顶沉降量后，即可卸下一级荷载。卸载至零后，应测读桩顶残余沉降量，维持时间为2h，测读时间为第5min、第10min、第15min、第30min，以后每隔30min测读一次。

（五）终止加载条件

当出现下列情况之一时，可终止加载：

（1）某级荷载作用下，桩顶沉降量大于前一级荷载作用下沉降量的5倍，且桩顶总沉降量超过40mm。

（2）某级荷载作用下，桩顶沉降量大于前一级荷载作用下沉降量的两倍，且经24h尚未达到相对稳定标准。

（3）已达到设计要求的最大加载值且桩顶沉降达到相对稳定标准。

（4）当荷载沉降曲线呈缓变形时，可加载至桩顶总沉降量60 ~ 80mm；当桩端阻力尚未充分发挥时，可根据具体要求加载至桩顶累计沉降量超过80mm。

（六）试验资料记录

静载试验资料应准确记录。试验前应收集工程地质资料、设计资料、施工资料等，填写桩静载试验概况表。概况表包括三部分信息：一是有关拟建工程资料；二是试验设备资料；三是受检桩试验前后表观情况及试验异常情况的记录。如果沉降量突然增大，荷载无法稳定，还应记录桩“破坏”时的残余油压值。

（七）单桩静载试验报告

单桩静载试验结束后，提供试验报告，报告中应包含以下内容：工程概况，工程名称，工程地点，试验日期，试验目的，检测仪器设备，测试方法和原理简介，工程地质概况，设计资料和施工记录，桩位平面图，有关检测数据、表格、曲线，试验的异常情况说明，检测结果及结论，相关人员签名加盖检测报告专用章和计量认证章。

五、静载试验中的若干问题

（一）休止时间的影响

桩在施工过程中不可避免地对桩周土造成扰动，引起土体强度降低，引起桩的承载力下降，以高灵敏度饱和黏性土中的摩擦桩最显。随着休止时间的增加，土体重新固结，土体强度逐渐恢复提高，桩的承载力也逐渐增加。成桩后桩的承载力随时间而变化的现象称为桩的承载力时间（或歇后）效应，我国软土地区这种效应尤为明显。研究资料表明，时间效应可使桩的承载力比初始值增长40%~400%。其变化规律一般是起初增长速度较快，随后逐渐减慢，待达到一定时间后趋于相对稳定，其增长的快慢和幅度与土性和类别有关。除非在特定的土质条件和成桩工艺下积累大量的对比数据，否则很难得到承载力的时间效应关系。另外，桩的承载力包括两层含义，即桩身结构承载力和支撑桩结构的地基岩土承载力，桩的破坏可能是桩身结构破坏或支撑桩结构的地基岩土承载力达到了极限状态，多数情况下桩的承载力受后者制约。如果混凝土强度过低，桩可能产生桩身结构破坏而地基土承载力尚未完全发挥，且桩身产生的压缩量较大，检测结果不能真正反映设计条件下桩的承载力与桩的变形情况。因此，对于承载力检测，应同时满足地基土休止时间和桩身混凝土龄期（或设计强度）双重规定，若验收检测工期紧无法满足休止时间规定时，应在检测报告中注明。

（二）压重平台对试验的影响

压重平台由主梁及副梁组成，主梁及副梁为不同型号的工字钢。千斤顶与主梁接触，千斤顶上的力与压重平台相互作用形成反力施加于基桩。由于作用于桩或复合地基上的加载点为千斤顶与主梁的接触面，所以，主梁工字钢的厚薄、数量多少、长短很重要。如果主梁工字钢太薄，在加载后期承受不了千斤顶向上的顶力，容易产生变形、扭曲、弯曲；如果主梁工字钢数量少，将不能承受压重平台的重量，产生向下的变形，同时在加载后期也会扭曲变形，影响平台的平衡及安全；如果压重平台太小，堆载高度太高，不安全也不便于操作，而且需选用大型号的工字钢，不经济也不便于搬运。

（三）边堆载边试验

为了避免试验前主梁压实千斤顶，或出现安全事故，可边堆载边试验，应满足规定的“每级荷载在维持过程中的变化幅度不得超过分级荷载的10%”，试验结果应该是可靠的。在实际操作中应注意：试验过程中继续吊装的荷载一部分由支撑墩来承担，一部分由受检桩来承担，桩顶实际荷载可能大于本级要求的维持荷载值，若超过规定应适当卸荷。

（四）偏心问题

造成偏心的因素：制作的桩帽轴心与原桩身轴线严重偏离；支墩下的地基土不均匀变形；用于锚桩的钢筋预留量不匹配，锚桩之间承受荷载不同步；采用多个千斤顶，千斤顶实际合力中心与桩身轴线严重偏离。是否存在偏心受力，可以通过四个对称安装的百分表或位移传感器的测量数据分析得出。四个测点的沉降差不宜大于3～5mm，不应大于10mm。

（五）防护问题

试验梁就位后应及时加设防风、防倾支护措施，该设施不得妨碍梁体加载变形。对试验用仪表、电器应设有防雨、防摔等保护措施。加载试验时，应注意观察试验台及试验梁的变形。卸载必须统一指挥，分级同步缓慢卸载；不得出现严重超前卸载现象，以免造成卸载滞后顶受力过大而发生人身、设备事故。

第三节　钻芯法检测

一、钻芯法检测概述

（一）钻芯法简介

采用岩芯钻探技术的施工工艺在桩身上沿长度方向钻取混凝土芯样及桩端岩

土芯样，通过对芯样的观察和测试，用以评价成桩质量的检测方法称为钻孔取芯法，简称钻芯法。

在桩体上钻芯法是比较直观的，它不仅可以了解灌注桩的完整性，查明桩底沉渣厚度以及桩端持力层的情况，而且是检验灌注桩混凝土强度的唯一可靠的方法，由于钻孔取芯法需要在工程桩的桩身上钻孔，所以不属于无损检测，通常适用于直径不小于800 mm的混凝土灌注桩。钻芯法是检测现浇混凝土灌注桩的成桩质量的一种有效手段，不受场地条件的限制，特别适用于大直径混凝土灌注桩。钻芯法不仅可以直观测试灌注桩的完整性，而且能够检测桩长、桩底沉渣厚度以及桩底岩土层的性状。钻芯法还是检验灌注桩桩身混凝土强度的可靠的方法，这些检测内容是其他方法无法替代的。

在桩身完整性检测的多种方法中，钻芯法最为直观、可靠。但该法取样部位有局限性，只能反映钻孔范围内的小部分混凝土质量，存在较大的盲区，容易以点代面造成误判或漏判。钻芯法对查明大面积的混凝土疏松、离析、夹泥、空洞等比较有效，而对局部缺陷和水平裂缝等判断就不一定十分准确。另外，钻芯法还存在设备庞大、费工费时、价格昂贵的缺点。因此，钻芯法不宜用于大面积大批量的检测，而只能用于抽样检查，或作为对无损检测结果的验证手段。

（二）钻芯法的检测目的

钻芯法属于一种局部破损检测，它在对人工挖孔桩的完整性及承载力检测中得到广泛的采用。其检测的目的有三个：一是对芯样混凝土的胶结情况、有无气孔、蜂窝麻面、松散、断桩及强度检测，综合判定桩身完整性；二是判断桩底沉渣及持力层的岩土性状（强度）和厚度是否满足设计或要求；三是测定实际桩长与施工记录桩长是否一致。

（三）钻芯法的优点与缺点

（1）钻芯法的优点：钻芯法检测可以直接观察桩身混凝土的情况，而且能检测桩的实际长度与桩身混凝土实际抗压强度。可以准确判断和检测桩底沉渣厚度及其他缺陷，也直接观察桩身混凝土与持力层的胶结状况。若钻至桩底适当深度后，可判断持力层及其以下岩土性状，若为基岩还可做抗压试验判断岩石的饱和单轴抗压强度标准值以判定岩石的承载力。

（2）钻芯法的缺点：钻芯法检测时间长、费用高、技术难度较高且属于有损检测，不适宜做普查检测；开孔位置不能任意选择，且对某些局部缺陷（缩径、扩径等）难以检测出，也有可能对局部微弱的缺陷夸大为严重缺陷而导致最后的误判，因此，其代表性存在争议；若桩长太长钻芯过程中可能会造成孔斜导致钢筋断裂无法修补，且对桩身及桩底持力层的局部破损，经修补后很难达到原始效果。

二、钻芯设备及检测技术

（一）钻芯设备

钻孔取芯法所需的设备随检测的项目而定。如仅检测灌注桩的完整性，则只需钻机即可；如要检测灌注桩混凝土的强度，则还需有锯切芯样的锯切机、加工芯样的磨平机和专用补平器，以及进行混凝土强度试验的压力机。

1.钻机

混凝土桩钻取芯样宜采用液压操纵的高速钻机。钻机应具有足够的刚度、操作灵活、固定和移动方便，并应有循环水冷却系统。水泵的排水量应为50～160L/min，泵压应为1.0～2.0MPa。严禁采用手把式或振动大的破旧钻机。钻机主轴的径向跳动不应超过0.1mm，工作时的噪声不应大于90dB。钻机应配备单动双管钻具以及相应的孔口管、扩孔器、卡簧、扶正稳定器和可捞取松软渣样的钻具。钻杆应顺直，直径宜为50mm。钻机宜采用国际50mm的方扣钻杆，钻杆必须平直。钻机应采用双管单动钻具。钻机取芯宜采用内径最小尺寸大于混凝土集料粒径两倍的人造金刚石薄壁钻头（通常内径为100mm或150mm）。钻头胎体不得有肉眼可见的裂纹、缺边、少角、倾斜和喇叭口变形等。钻头的径向跳动不得大于1.5mm。钻机设备参数应符合以下规定：额定最高转速不低于790r/min；转速调节范围不少于4挡；额定配用压力不低于1.5MPa。

2.锯切机、磨平机和补平器

锯切芯样试件用锯切机应具有冷却系统和牢固夹紧芯样的装置，配套使用的金刚石圆锯片应具有足够刚度。

磨平机和补平器除保证芯样端面平整外，还应保证芯样端面与轴线垂直。

3.压力机

压力机的量程和精度应能满足芯样的强度要求，压力机应能平稳连续加载而无冲击。压力机的承压板必须具有足够刚度，板面必须光滑，球座灵活轻便。承压板的直径应不小于芯样的直径，也不宜大于直径的两倍，否则，应在上、下两端加辅助承压板。压力机的校正和检验应符合有关计量标准的规定。

（1）压力机主要技术要求：①试验机最大试验力为2000kN；②油泵最高工作压力为40MPa；③示值相对误差±2%；④承压板尺寸为320mm×320mm；⑤承压板最大净距为320mm；⑥测量范围为0~800kN或0~2000kN；⑦刻度量分度值：0~800kN时为2.5kN/格或0~2000kN时5kN/格。

（2）仪器年检。压力试验机每年应至少检定一次。

（二）钻芯法检测方法

钻孔取芯的检测按以下步骤进行：

（1）钻芯孔数、位置的确定及桩头处理：根据相关规定，当桩的直径D<1.2m时，钻1孔，孔位距桩中心距离10~15cm为宜；桩径D为1.2~1.6m时，钻2孔，桩径D>1.6m时，钻3孔，宜在距桩中心0.15~0.25D位置开孔且均匀对称布置。对每根受检桩桩端持力层的钻探不应少于一孔，还应满足设计要求的钻探深度。

为了准确地测出桩中心，桩头最好开挖露出，否则应用经纬仪找出桩中心。确定钻孔位置：灌注桩的钻孔位置，应根据需要与委托方共同商议确定。一般当桩径小于1600mm时，宜选择在桩中心钻孔，当桩径大于或等于1600mm时，钻孔数不宜小于2个。

（2）安置钻机：钻孔位置确定以后，应对准孔位安置钻机。钻机就位并安放平稳后，应将钻机固定，以便工作时不致产生位置偏移。固定方法应根据钻机构造和施工现场的具体情况，分别采用顶杆支撑、配重或膨胀螺栓等方法。在固定钻机时，还应检查底盘的水平度，以保证钻杆以及钻孔的垂直度。

（3）施钻前的检查：施钻前应先通电检查主轴的旋转方向，当旋转方向为顺时针时，方可安装钻头。并调整钻机主轴的旋转轴线，使其成行走状态。

（4）开钻：开钻前先接水源和电源，将变速钮拨到所需转速，正向转动操作手柄，使合金钻头慢慢地接触混凝土表面，待钻头刃部入槽稳定后方可加压进行正常钻进。

（5）钻进取芯：在钻进过程中，应保持钻机的平衡，转速不宜小于140r/min，钻孔内的循环水流不得中断，水压应保证能充分排除孔内混凝土料屑，循环冷却水出口的温度不宜超过30℃，水流量宜为3～5L/min。每次钻孔进尺长度不宜超过1.5m。钻到预定深度后，反向转动操作手柄，将钻头提升到混凝土桩顶，然后停水停电。提钻取芯时，应拧下钻头和胀圈，严禁敲打卸取芯样。卸取的芯样应冲洗干净后标上深度，按顺序置于芯样箱中。当钻孔接近可能存在断裂或混凝土可能存在疏松、离析、夹泥等质量问题的部位以及桩底时，应改用适当的钻进方法和工艺，并注意观察回水变色、钻进速度的变化等。

灌注桩钻孔取芯检测的取芯数目视桩径和桩长而定。通常至少每1.5m应取1个芯样，沿桩长均匀选取，每个芯样均应标明取样深度，以便判明有无缺陷以及缺陷的位置。对于用于判明灌注桩混凝土强度的芯样，则根据情况，每一试桩不得少于10个。钻孔取芯的深度应进入桩底持力层不小于1m。

（6）补孔：在钻孔取芯以后，桩上留下的孔洞应及时进行修补，修补时宜用高于桩原来强度等级的混凝土来填充。由于钻孔孔径较小，填补的混凝土不易振捣密实，故应采用坍落度较大的混凝土浇灌，以保证其密实性。已硬化的混凝土，实际强度到底有多少，能否满足工程安全使用，是人们普遍关心的问题。在施工过程中，虽留有混凝土试样及试样的强度，但由于样品的制型的方式、养护条件等因素，导致样品与原状态有差异，往往不能反映工程的真实情况。因此，为了测定已建工程混凝土的实际强度，提供工程质量评定的科学依据，工程中经常采用钻孔取芯法来测定实际混凝土的强度。

三、芯样试件制作与抗压试验

（一）芯样试件的制作

1.芯样试件的检测资料

采用钻芯法检测结构混凝土强度前，宜具备下列资料：

（1）工程名称（或代号）及设计、施工、监理、建设单位名称。

（2）结构或构件种类、外形尺寸及数量。

（3）设计采用的混凝土强度等级。

（4）检测龄期，原材料（水泥品种、粗集料粒径等）和抗压强度试验报告。

（5）结构或构件质量状况和施工中存在问题的记录。

（6）有关的结构设计图和施工图等。

2.芯样试件取样部位

芯样应由结构或构件的下列部位钻取：

（1）结构或构件受力较小的部位。

（2）混凝土强度质量具有代表性的部位。

（3）便于钻芯机安放与操作的部位。

（4）避开主筋、预埋件和管线的位置。

3.混凝土芯样试件截取原则

（1）当桩长小于10m时，每孔可截取2组芯样；当桩长大于30m时，每孔截取芯样不少于4组；当桩长为10～30 m时，每孔截取3组芯样。

（2）上部芯样位置距桩顶设计标高不宜大于1倍桩径或超过2m，下部芯样位置距桩底不宜大于1倍桩径或超过2m，中间芯样宜等间距截取。

（3）缺陷位置能取样时，应截取一组芯样进行混凝土抗压试验。

（4）同一基桩的钻芯孔数大于1个，其中一孔在某深度存在缺陷时，应在其他孔的该深度处，截取1组芯样进行混凝土抗压试验。

（5）当桩底持力层为中、微风化岩层且岩芯可制作成试件时，应在接近桩底部位1m内截取岩石芯样；如遇分层岩性时，宜在各分层岩面取样。

（6）每组混凝土芯样应制作3个芯样抗压试件。

4.芯样试件的记录与保存

提取芯样时，需按正常的程序拧下钻头与扩孔器，禁止敲打取芯。对于岩石芯样需及时包装浸泡水中，以保证其原始性状。取出芯样后，应按回次顺序由上而下依次放入芯样箱，芯样侧面上需清楚标示出回次数、块号、本回次总块数，并及时记录桩号及孔号、回次数、起至深度、块数、总块数。并对桩身混凝土芯样进行详细描述，主要包括混凝土钻进深度，芯样的连续性、完整性、胶结情况、表面光滑情况、断口吻合程度、混凝土芯是否为柱状，集料大小分布情况、气孔、蜂窝麻面、沟槽、破碎、夹泥、松散的情况，以及取样编号和取样位置；对桩端持力层的描述主要包括持力层钻进深度、岩土名称、芯样颜色、结构构造、裂隙发育程度、坚硬及风化程度，以及取样编号和取样位置，分层岩层应分别描述。最后进行拍照记录。

5.芯样试件的加工与测量

芯样试件加工应用双面锯切机，加工时需固定芯样，锯切平面应与芯样轴线垂直，锯切过程中还需淋水冷却锯片。若锯切后试件无法满足平整、垂直度要求时，应在磨平机上进行端面磨平，或者用水泥砂浆（或水泥净浆）、硫磺胶泥（或硫磺）等材料在专用补平装置上补平。试压前，需对芯样以下几何尺寸进行测量：平均直径，用游标卡尺在芯样中部两个相互垂直的位置进行测量，取两次算术平均值，精确至0.5mm：芯样高度，用钢卷尺或钢板直尺进行测量，精确至1mm；垂直度，用游标量角器测量两个端面与母线的夹角，精确至0.10°；平整度，用钢板尺或角尺紧靠在芯样端面上，一面转动钢板尺，一面用塞尺测量与芯样端面之间的缝隙。

所选试件还应满足以下要求：为了减少计算时对芯样高径比的修正，要求芯样高径比应0.95～1.05；芯样试件沿高度任一截面直径与平均直径之间差值不应超过2mm；试件端面平整度是影响抗压强度的重要因素，因此，平整度在100mm长度内应低于0.1mm；端平面与轴线的不垂直度应低于20；试件平均直径应大于最大粒径的粗集料的两倍。

（二）芯样试件的抗压试验

1.芯样试件的试压

芯样试件加工完成后就可立马进行抗压试验。试验需均匀地加荷：当混凝土强度等级小于C30时，加荷速率为0.3～0.5MPa/s；岩石类芯样试件和混凝土强度等级不小于C30时，加荷速率为0.5～0.8MPa/s。抗压后若发现混凝土试件平均直径低于其粗集料最大粒径的两倍且强度值不正常时，判该试件无效，其测出的强度值也无效，如条件许可，可重新截取试件做抗压，否则以其他两个强度的算术平均值为该组芯样抗压强度值，但是需在最后的报告中加以说明。

2.芯样试件检测分析与判定

芯样试件一般应在自然干燥状态下进行抗压试验。芯样试件的含水量对强度有一定影响，含水越多则强度越低。一般来说，强度等级高的混凝土强度降低较少，强度等级低的混凝土强度降低较多。因此，建议自然干燥状态与潮湿状态两种试验情况。当结构工作条件比较潮湿，需要确定潮湿状态下混凝土的强度时，芯样试件宜在（20±5）℃的清水中浸泡40～48h，从水中取出后立即进行试验。

3.芯样检测报告

芯样检测完毕要出具芯样检测报告，检测报告应结论正确、用词规范。检测报告应包括下列内容：

（1）钻芯设备情况。

（2）检测桩数、钻孔数量、架空高度、混凝土芯进尺、持力层进尺、总进尺、混凝土试件组数、岩石试件组数、圆锥动力触探或标准贯入试验结果。

（3）芯样每孔柱状图。

（4）芯样单轴抗压强度试验结果。

（5）芯样彩色照片。

（6）异常情况说明。

第六章　结构混凝土检测

第一节　结构混凝土检测概述

一、结构混凝土无损检测技术的形成和发展

混凝土无损检测（NDT： Nondestruetive Testing）是指在不破坏混凝土内部结构和使用性能的情况下，利用声、光、热、电、磁和射线等方法，直接在构件或结构上测定混凝土某些适当的物理量，并通过这些物理量推定混凝土强度、均匀性、连续性、耐久性和存在的缺陷等的检测方法。

我国从20世纪50年代中期开始研究结构混凝土无损检测技术，引进瑞士、英国、波兰等国的回弹仪和超声仪，并结合工程应用开展了许多研究工作。20世纪60年代初即开始批量生产回弹仪，并研制成功了多种型号的超声检测仪，在检测方法方面也取得了许多进展。20世纪70年代以后，我国曾多次组织力量合作攻关。20世纪80年代着手制定了一系列技术规程，并引进了许多新的检测技术，大大推进了结构混凝土无损检测技术的研究和应用。随着电子技术的发展，仪器的研制工作也取得了新的成就，并逐步形成了自己的生产体系。20世纪90年代以来，无损检测技术继续向更深的层次发展，许多新技术得到应用，检测人员队伍不断壮大，素质迅速提高。纵观整个发展历程，我国无损检测技术的发展是非常迅速的，可以从下面几个方面叙述这一发展的过程。

（一）在测试技术方面的发展

（1）测强方面：超声测强的主要影响因素：石子的品种、粒径、用量；钢

筋的影响及修正；混凝土湿度、养护方法的影响及修正；测试距离的影响及修正；测试频率的影响及修正等。

（2）测裂缝方面：平测法测裂缝及修正距离的研究；钢筋的影响及修正；钻孔法测裂缝的研究和应用；斜测法测裂缝的研究及应用等。

（3）测缺陷方面：概率判断法的进一步改进和完善；斜测交汇法的研究应用；缺陷尺寸估计；多参数综合判断的应用；波形方面的研究；频率测量方面的研究和应用；衰减系数、频谱分析应用和测定方法的研究；火灾后损伤层厚度的测定方法等。

在这时期，许多地区通过试验研究，制定了本地区的强度换算曲线，推动了超声回弹综合法的提高和应用。

随着超声检测技术的发展、应用的范围不断扩大、研究深度不断加深，从20世纪50—60年代主要在地上结构检测发展到地上和地（水）下，包括一些隐蔽工程，如灌注桩、地下防渗墙、水下结构的检测、坝基及灌浆效果的检测等；从一般两面临空的梁、柱、墩结构检测发展到单面临空的大体积检测；探测距离从1～2m发展到10～20 m；从以声速一个参数为主发展到声速、振幅、频率、波形多参数的综合运用。特别在超声探测缺陷、裂缝方面，形成了从测试方法、数据处理到分析判断的一整套技术，在实际工程应用中取得了良好效果，许多重大工程都采用了超声检测。

在应用的发展方面，20世纪80年代中期有一个重大发展，这就是超声检测混凝土灌注桩。湖南大学和河南省交通厅等单位首次运用超声法在灌注桩预埋钢管中进行检测，在郑州黄河大桥的灌注桩检测中取得成功并提出另一种判断桩内缺陷的方法，声参数—深度曲线相邻两点之间的斜率与差值之积，简称PSD判据。其后，还出现了其他一些判断分析方法。随后，许多单位都相继开展超声波检测混凝土灌注桩的研究和应用。由于声波法测桩具有不受桩长桩径的影响，探测结果精确、可靠，很快在国内普遍推广应用，特别是大型桥梁的桩基检测中已普遍采用声波法，取得了很好的社会和经济效益，成为超声法检测混凝土的一个新热点。

除超声、回弹等无损检测方法日趋成熟外，中国建筑科学研究院又进行了钻芯法研究，哈尔滨建筑大学进行了后装拔出法的研究，使无损检测的内容进一步扩大。

作为上述研究成果的必然结果，我国制定了一系列有关混凝土无损检测的技术规程并进行了多次修订。随后，一些省市也编制了相应的地方规程。各项规程的不断完善，大大促进了无损检测技术的工程应用和普及。

我国建设工程质量管理引起广泛关注并提出一系列重大举措，从而进一步加强了无损检测技术在建设工程质量管理中的作用和责任，也进一步推动了检测方法方面的蓬勃发展，已有方法更趋成熟和普及，同时新的方法不断涌现。其中，雷达技术、红外成像技术、冲击回波技术等都进入了实用阶段，在声学检测技术方面的最大进展，则体现在对检测结果分析技术方面的突飞猛进。

（二）检测仪器方面的发展

混凝土声测仪器与混凝土声测技术是在相互制约而又相互促进的过程中得到发展的，我国混凝土声测仪器的发展大致经历了四个阶段。

20世纪60年代是声波检测技术的开拓阶段，声测仪是电子管式的仪器，如UCT-2型、CIS-10型等，现已被淘汰。

20世纪70年代是超声检测方法研究及推广应用阶段，声测仪是晶体管化集成电路模拟超声仪，首先推出的是湘潭无线电厂的SYC-2型岩石声波检测仪，之后相继推出的是天津建筑仪器厂的SC-2型和汕头超声电子仪器厂的CTS-25型等，这类仪器一般具有示波及数码管显示装置，手动游标读取声学参量，市场拥有量约有几千台，为推动我国混凝土声测技术的发展发挥了重要作用。在20世纪70年代中期，我国生产的非金属超声仪及其配套使用的换能器与国外同类仪器相比（如美国CNC公司的Pundit型、波兰的N2701、日本MARUT公司的Min-1150-03型等），在技术性能方面已达到或超过它们的水平。

20世纪80年代是进一步发展与提高阶段。20世纪80年代初期，国外推出了计算机控制的声波检测仪（如日本OYO公司的5217A型等），混凝土超声仪进入了数字化仪器阶段，数字化声学信号数据处理技术的应用，推动了声测技术的发展，而我国却由于多种原因在计算机的应用方面落后国外水平。20世纪80年代末期，我国开始数字化混凝土超声仪的研究，之后以很快的速度发展，整机化的由计算机控制的声测仪产生于20世纪80年代末到90年代初，这批仪器均采用Z80CPU，通过仪器与计算机的联系，实现了不同程度的声参量的自动检测，并具有一定的处理能力，使现场检测及后期数据处理速度大大加快。但由于受到数据采集速度以及存储容量和软件语言等方面的限制，无法实时动态地显示波形变化，难以承担需要大量处理单元和高速运算能力支持的信息处理工作，也不便于软件的再开发。作为初级数字化超声仪的代表型号为CTS-35型、CTS-45型和UTA2000A型。

20世纪90年代是追赶并超过国际水平的阶段，随着声测技术的发展，检测市场的扩大以及计算机技术的深入应用。自20世纪90年代中期以来，我国各种型号的数字式超声仪相继问世，首先推出的是北京市市政工程研究院（北京康科瑞公司）的NM-2A型，随后该型仪器不断更新，形成了NM系列。NM 系列超声仪的最大特点是在计算机和数据采集系统之间，通过高速数据传输（DMA）方式，实现了波形的动态实时显示，并以软硬件相结合的方式，创造性地解决了声学参量的自动判读技术，从而在高噪声、弱信号的恶劣测试条件下，仍然可快速准确地完成自动检测，大大提高了测试精度和测试效率，对超声检测技术的推广是有力的推动。之后相继推出的有岩海公司的RS-UTOIC 型、同济大学的U-Sonic型、岩土所的RSM—SY2等。

在超声检测仪迅速发展的同时，其他检测方法的仪器也有了很大发展，其中包括各种型号的数显式回弹仪，轻便型钻孔取芯机、拔出仪、射钉仪、贯入仪、钢筋保护层厚度测定仪、钢筋锈蚀仪、脉冲瞬变电磁仪等。

总之，各种检测设备的研制和生产，为混凝土无损检测技术提供了良好的物质基础。

（三）学术交流的发展

自20世纪70年代后期，在中国建筑科学研究院的主持下，成立无损检测技术协作组以来，无损检测技术的学术交流活动从未间断。1985年，中国建筑学会施工学术委员会下的混凝土质量控制与非破损检测学组成立，挂靠单位为中国建筑科学研究院。其中，非破损检测部分后来改为属于中国土木工程学会混凝土及预应力混凝土学会下的建设工程无损检测委员会。1986年，中国水利学会施工专业委员会无损检测学组成立，挂靠南京水利科学研究院。中国声学学会下属的检测声学委员会，挂靠同济大学。

这些学术组织都在混凝土声学检测方面做过大量工作，组织多次学术交流会，出版论文集，推动了声波检测技术的发展。例如，土木工程学会建设工程无损检测委员会，从1984年起就主持召开过7次全国性的无破损检测学术交流会，出版了多期论文集。委员会还组织委员们翻译国外研究文集，编辑出版了两本国际土木工程无损检测会议论文集。另外，还邀请罗马尼亚、日本等国的专家来华讲学、交流。

直到现在，我国从事混凝土无损检测的工程技术人员也以各种形式参与国际交流，其中包括访问、进修、参加学术会议，参与实际工程检测及仪器展览等。这些交流活动无疑为我国混凝土无损检测技术的发展起了推动作用。

二、结构混凝土无损检测技术的工程应用

随着人们对工程质量的关注，以及无损检测技术的迅速发展和日臻成熟，促使无损检测技术在建设工程中的作用日益明显。它不但已成为工程事故的检测和分析手段之一，而且正在成为工程质量控制和构筑物使用过程中可靠性监控的一种工具。可以说，在整个施工、验收及使用过程中都有其用武之地。在以往的研究中主要集中在强度检测和缺陷探测两方面，为了满足新的需要，还应进一步开拓新的检测内容，例如，混凝土耐久性的预测、已建结构物损伤程度的检测、早期强度检测，高性能混凝土强度及脆性的检测等。

三、结构混凝土常用无损检测方法的分类和特点

（一）结构混凝土常用无损检测方法的分类

依据无损检测技术的检测目的，通常可将无损检测方法分为五大类：

（1）检测结构构件混凝土强度值。

（2）检测结构构件混凝土内部缺陷如混凝土裂缝、不密实区和孔洞、混凝土结合面质量、混凝土损伤层等。

（3）检测几何尺寸如钢筋位置、钢筋保护层厚度、板面、道面、墙面厚度等。

（4）结构工程混凝土强度质量的匀质性检测和控制。

（5）建筑热工、隔声、防水等物理特性的检测。

应当指出，从当前的无损检测技术水平与实际应用情况出发，为达到同一检测目的，可以选用多种具有不同检测原理的检测方法，例如，结构构件混凝土强

度的无损检测，可以利用回弹法、超声-回弹综合法、超声脉冲法、拔出法、钻芯法、射钉法等。这样，为无损检测工作者提供了多种可能，并可依据条件与趋利避害原则加以选用。

显然，从宏观角度分类，也可从对结构构件破坏与否的角度出发分为三大类：无损检测技术；半破损检测技术；破损检测技术。

（二）结构混凝土常用无损检测方法的特点

（1）回弹法：回弹法是以在混凝土结构或构件上测得的回弹值和碳化深度来评定混凝土结构或构件强度的一种方法，它不会对结构或构件的力学性质和承载能力产生不利影响，在工程上已得到广泛应用。

回弹法使用的仪器为回弹仪，它是一种直射锤击式仪器，是用一弹击锤来冲击与混凝土表面接触的弹击杆，然后弹击锤向后弹回，并在回弹仪的刻度标尺上指示出回弹数值。回弹值的大小取决于与冲击能量有关的回弹能量，而回弹能量则反映了混凝土表层硬度与混凝土抗压强度之间的函数关系，即可以在混凝土的抗压强度与回弹值之间建立起一种函数关系，以回弹值来表示混凝土的抗压强度。回弹法只能测得混凝土表层的质量状况，内部情况却无法得知，这便限制了回弹法的应用范围，但由于回弹法操作简便，价格低廉，在工程上还是得到了广泛应用。

回弹法的基本原理是利用混凝土强度与表面硬度之间的关系，通过一定动能的钢杆件弹击混凝土表面，并测得杆件回弹的距离（回弹值），利用回弹值与强度之间的相关关系来推定混凝土强度。

回弹法适用于工程结构普通混凝土抗压强度（以下简称混凝土强度）的检测，检测结果可作为处理混凝土质量问题的依据之一。回弹法不适用于表层与内部质量有明显差异或内部存在缺陷的混凝土结构或构件的检测。

利用回弹仪检测普通混凝土结构构件抗压强度的方法简称回弹法。回弹仪是一种直射锤击式仪器。回弹值大小反映了与冲击能量有关的回弹能量，而回弹能量反映了混凝土表层硬度与混凝土抗压强度之间的函数关系，反过来说，混凝土强度是以回弹值为变量的函数。

回弹值使用的仪器为回弹仪，回弹仪的质量及其稳定性是保证回弹法检测精度的重要技术关键。这个技术关键的核心是科学的规定并保证回弹仪工作时所应具有的标准状态。国内回弹仪的构造及零部件和装配质量必须符合国家计量检定规程要求。回弹仪按回弹冲击能量大小分为重型、中型、轻型。普通混凝土抗压强度≤C50时通常采用中型回弹仪；混凝土抗压强度≥C60时，宜采用重型回弹仪。轻型回弹仪主要用于非混凝土材料的回弹法。由于影响回弹法测强的因素较多，通过实践与专门试验研究发现，回弹仪的质量和是否符合标准状态要求是保证稳定的检测结果的前提。在此前提下，混凝土抗压强度与回弹法、混凝土表面碳化深度有关，即不可忽视混凝土表面碳化深度对混凝土抗压强度的影响。

（2）超声法检测混凝土强度：通过超声法检测实践发现，超声在混凝土中传播的声速与混凝土强度值有密切的相关关系，于是超声法检测混凝土缺陷扩展到检测混凝土强度，其原理就是声速与混凝土的弹性性质有密切的关系，而混凝土弹性性质在相当程度上可以反映强度大小。从上述分析，可以通过试验建立混凝土由超声声速与混凝土强度产生的相关关系，它是一种经验公式，与混凝土强度等级、混凝土成分、试验数量等因素有关，混凝土中超声声速与混凝土强度之间通常呈非线性关系，在一定强度范围内也可采用线性关系。

显而易见，混凝土内超声声速传播速度受许多因素影响，如混凝土内钢筋配置方向、不同集料及粒径、混凝土水胶比、龄期及养护条件、混凝土强度等级，这些影响因素如不经修正都会影响检测误差大小，建立超声检测混凝土强度曲线时应加以综合考虑影响因素的修正。

（3）超声回弹综合法检测混凝土强度：综合法检测混凝土强度是指应用两种或两种以上单一无损检测方法（力学的、物理的），获取多种参量，并建立强度与多项参量的综合相关关系，以便从不同角度综合评价混凝土强度。

超声回弹综合法是综合法中经实践检验的一种成熟可行的方法。顾名思义，该法是同时利用超声法和回弹法对混凝土同一测区进行检测的方法。它可以弥补单一方法固有的缺欠，做到互补。例如，回弹法中的回弹值主要受表面硬度影响，但当混凝土强度较低时，由于塑性变形增大，表面硬度反应不敏感，又如当构件尺寸较大，内外质量有差异时，表面硬度和回弹值难以反映构件实际强度。相反，超声法的声速值是取决于整个断面的动弹性，主要以其密实性来反映混凝土强度，这种方法可以较敏感地反映出混凝土的密实性、混凝土内集料组成以及集料种类。此外，超声法检测强度较高的混凝土时，声速随强度变化而不敏感，由此粗略剖析可见，超声回弹综合法可以利用超声声速与回弹值两个参数检测混凝土强度，弥补了单一方法在较高强度区或在较低强度区各自的不足。通过试验建立超声波脉冲速度-回弹值-强度相关关系。

超声回弹综合法首先由罗马尼亚建筑及建筑经济科学研究院提出，并编制了有关技术规程，同时在罗马尼亚推广应用。中国从罗马尼亚引进这一方法，结合中国实际进行了大量试验，并在混凝土工程检测中广泛应用。

这种综合法最大的优点就是提高了混凝土强度检测精度和可靠性。许多学者认为，综合法是混凝土强度无损检测技术的一个重要发展方向。目前，除上述超声回弹综合法已在我国广泛应用外，已被采用的还有超声钻芯综合法、回弹钻芯综合法、声速衰减综合法等。

（4）钻芯法：利用钻芯机、钻头、切割机等配套机具，在结构构件上钻取芯样，通过芯样抗压强度直接推定结构构件强度或缺陷，无需通过立方体试块或其他参数等环节。它的优点是直观、准确、代表性强，其缺点是对结构构件有局部破损，芯样数量不可太多，而且价格也比较昂贵。钻芯法在国外的应用已有几十年历史，一般来说发达国家均制定有钻芯法检测混凝土强度的规程。

钻芯法除用以检测混凝土强度外，还可通过钻取芯样方法检测结构混凝土受冻、火灾损伤深度、裂缝深度以及混凝土接缝、分层、离析、孔洞等缺陷。

钻芯法在原位上检测混凝土强度与缺陷是其他无损检测方法不可取代的一种有效方法。因此，国内外都主张把钻芯法与其他无损检测方法结合使用，一方面利用无损检测方法检测混凝土的均匀性，以减少钻芯数量，另一方面又利用钻芯法来校正其他方法的检测结果，以提高检测的可靠性。

（5）拔出法检测混凝土强度：拔出法是指将安装在混凝土中的锚固件拔出，测出极限拔出力，利用事先建立的极限拔出力和混凝土强度之间的相关关系，推定被测混凝土结构构件的混凝土强度的方法。这种方法在国际上已有五十余年的历史，方法比较成熟。拔出法分为预埋（或先装）拔出法和后装拔出法两种。顾名思义，预埋拔出法是指预先将锚固件埋入混凝土中的拔出法，它适用于成批的、连续生产的混凝土结构构件，按施工程序要求及预定检测目的预先预埋好锚固件。例如，确定现浇混凝土结构拆模时的混凝土强度；确定现浇冷却后混凝土结构的拆模强度；确定预应力混凝土结构预应力张拉或放张时的混凝土强度；预制构件运输、安装时的混凝土强度；冬期施工时混凝土养护过程中的混凝土强度等。后装拔出法指混凝土硬化后，在现场混凝土结构上后装锚固件，可按不同目的检测现场混凝土结构构件的混凝土强度的方法。

尽管对极限拔出力与混凝土拔出破坏机理看法还不一致，但试验证明，在常用混凝土范围（≤C60），拔出力与混凝土强度有良好的相关关系，检测结果与立方体试块强度的离散性较小，检测结果令人满意。

拔出法在北欧、北美国家得到广泛应用，被认为是现场应用方便、检测费用低廉，尤其适合用于现场控制。

从以上分析可见，拔出法虽是一种微破损检测混凝土强度方法，但具有进一步推广与发展的前景。

（6）超声法检测混凝土缺陷：超声法检测混凝土缺陷的基本概念是利用带波形显示功能的超声波检测仪和频率为20～25knz的声波换能器，测量与分析超声脉冲波在混凝土中传播速度（声速）、首波幅度（波幅）、接收信号主频率（主频）等声参数，并根据这些参数及其相对变化，以判定混凝土中的缺陷情况。

混凝土结构，因施工过程中管理不善或者因自然灾害影响，致使在混凝土结构内部产生不同种类的缺陷。按其对结构构件受力性能、耐久性能、安装使用性能的影响程度，混凝土内部缺陷可区分为有决定性影响的严重缺陷和无决定性影响的一般缺陷。鉴于混凝土材料是一种非匀质的弹黏性各向异性材料，要求绝对一点缺陷都没有的情况是比较少见的，用户所关心的是不能存在严重缺陷，如有严重缺陷应及时处理。超声法检测混凝土缺陷的目的不是在于发现有无缺陷，而是在于检测出有无严重缺陷，要求通过检测判别出各种缺陷种类和判别出缺陷程度，这就要求对缺陷进行量化分析。属于严重缺陷的有混凝土内有明显不密实区或空洞，有大于0.05mm宽度的裂缝；表面或内部有损伤层或明显的蜂窝麻面区等。以上缺陷是易发生的质量通病，常常引起甲乙双方争执的问题，故超声法检测混凝土缺陷受到了广大检测人员的关注。加拿大的莱斯利（leslied）、切斯曼（Cheesman）和英国的琼斯（Jons）、加特弗尔德（Garfield）率先把超声脉冲检测技术用于混凝土检测，开创了混凝土超声检测这一新领域。由于技术进步，超声仪已由20世纪五六十年代笨重的电子管单示波显示型发展到目前半导体集成化、数字化、智能化的轻巧仪器，而且测量参数从单一的声速发展到声速、波幅和频率等多参数，从定性检测发展到半定量或定量检测的水平。

（7）冲击回波法：在结构表面施以微小冲击产生应力波，利用应力波在结构混凝土中传播时遇到缺陷或底面产生回波的情况，通过计算机接收后进行频谱分析并绘制频谱图。频谱图中的峰值即应力波在结构表面与底面间或结构表面与内部缺陷间来回反射所形成的。由此，根据其中最高的峰值处的频率值可计算出被测结构的厚度，根据其他峰值处频率可推断有无缺陷及其所处深度。

冲击回波法是一种无损检测新技术，这种方法利用声穿透（传播）、反射，不需要两个相对测试面的原理，而只需在单面进行测试即可测得被测结构如路面、护坡、衬砌等厚度，还可检测出内部缺陷（如空洞、疏松、裂缝等）的存在及其位置。

美国研究了利用冲击回波法检测混凝土板中缺陷、预应力灌浆孔道中的密实性、裂缝深度、混凝土中钢筋直径、埋设深度等，均取得了令人满意的检测结果。

（8）雷达法：雷达法是利用近代军事技术的一种新检测技术。“雷达（radar）”是“无线侦察与定位”的英文缩写。由于雷达技术始于军事需要，受外因限制，雷达技术用于民用工程检测，在国内起步很晚，一直到20世纪90年代才开始。起先是上海用探地雷达探测地下管线、旧老建筑基础的地下桩基、古河道、暗浜等。

雷达法是以微波作为传递信息的媒介，依据微波传播特性，对被测材料、结构、物体的物理特性、缺陷作出无破损检测诊断的技术。

雷达法的微波频率为300 MHz～300 GHz，属电磁波，处于远红外线至无线电短波之间。雷达法引入无损检测领域内大大增强了无损检测能力和技术含量。利用雷达波对被测物体电磁特性敏感特点，可用雷达波检测技术检测并确定城市市政工程地下管线位置、地下各类障碍物分布、路面、跑道、路基、桥梁、隧道、大坝混凝土裂缝、孔洞、缺陷等质量问题；配合城市顶管、结构等施工工程不可或缺的有效手段。可以想象，雷达波检测技术会在今后城市地下空间开发领域大有用武之地。我国已在路面、跑道厚度检测、市政工程建设中开始应用并取得良好效果。

（9）红外成像无损检测技术：红外成像无损检测技术是建设工程无损检测领域又一新的检测技术。将红外成像无损检测技术移植进建设工程领域是建设工程无损检测技术进步的一个生动体现，也是必然的发展结果。

红外线是介于可见红光和微波之间的电磁波。红外成像无损检测技术是利用被测物体连续辐射红外线的原理，概括被测物体表面温度场分布状况形成的热像图，显示被测物体的材料、组成结构、材料之间结合面存在的不连续缺陷，这就是红外成像无损检测技术原理。

红外成像无损检测技术是非接触的检测技术，可以对被测物体上下左右进行非接触的连续扫描、成像，这种检测技术不仅能在白天进行，而且在黑夜也可正常进行，故这种检测技术非常实用、简便。

红外成像无损检测技术，检测温度范围为-50℃～2000℃，分辨率可达0.1℃～0.02℃，精度非常高。

红外成像无损检测技术在民用建设工程中，可用于电力设备、高压电网安全运营检查、石化管道泄漏、冶炼设备损伤检查、山体滑坡检查、气象预报。在房屋工程中对房屋热能损耗检测，对墙体围护结构保温隔热性能、气密性、水密性检查更是具有其他方法无法替代的优点；利用红外成像无损检测技术是贯彻实施国家住房和城乡建设部（2008年改为住房和城乡建设部）要求实现建筑节能50%要求的有力和有效的检测手段。

（10）磁测法：根据钢筋及预埋铁件会影响磁场现象而设计的一种方法，目前常用于检测钢筋的位置和保护层的厚度。

四、检验用量测仪表

量测仪表的精度，是指仪表示值偏离标准值的程度，按国家标准规定的各类误差允许值分为若干等级，即所谓仪表精度等级。混凝土结构检验中使用未经检定或检定不合格的仪表，所取得的结果，不能作为结构性能的评定依据。

混凝土结构性检测中使用的量测仪表和对它们的要求分述如下。

（一）位移量测仪表

结构性能检验中需要量测的位移可分线位移和角位移两种，使用的仪表亦可分两大类，即机械式位移量测仪表和各种电测试位移量测仪表。

1.机械式位移量测仪表

允许使用钢直尺、百分表、千分表、大行程百分表，水准仪、经纬仪和水准式倾角仪等来测量线位移和角位移。

（1）钢直尺：钢直尺又名钢板尺，钢尺。最小分度值0.5～1.0mm，量程有

150，300，500，1000mm等数种，常用作水准仪、经纬仪的标尺，或作为用张紧的钢丝测量试件临近破坏时的挠度和侧移时的标尺。

（2）千分表：千分表的最小分度值为0.001mm，量程1.0mm，主要用来量测试件的微小位移，如钢筋在混凝土中的相对滑移，配以适当的夹具，也可用作角位移和应变等量测仪表的指示仪表。

（3）百分表：百分表的最小分度值为0.01mm，量程有3.0，5.0，10.0mm等数种，是结构性能检验中最常用的位移量测仪表，如量测中、小型试件的挠度等。量程大于20.0mm的百分表称大行程百分表。还有一类量程更大甚至无限的位移计，测点的位移通过张线引入仪表主体，并利用齿轮或摩擦轮等放大，最小分度值为0.05～0.1mm，它们常被称为张线式位移计或挠度计，主要用来量测大型结构构件的挠度、侧移等。

（4）机械式位移计的误差：示值误差又分为整个量程范围内的和任意段内的两种，前者是根据整个量程范围内各标定点上的误差求得，而后者是根据任意段内的各标定点所得误差来确定，如百分表，任意1mm范围内的示值误差是根据0～1mm，1～2mm，2～3mm，……各范围的内各标点误差，按上述定义确定。回程误差是指整个测量范围内各标定点上反行程和原正行程的读数差决定，一般取其最大值为评定依据。示值变动度则是在被测标准值不变时，位移计测杆以较慢，较快速度移动若干次，由各次读数中的最大和最小值决定。百分表按上述各种误差的允许值，分为0级和1级两种，结构性能检验中允许使用1级百分表。钢直尺，大量程百分表和千分表不分级，凡检定为合格品即可使用。

（5）水准式倾角计：机械式角位移量测仪表主要为水准式倾角计，它是一种另位法量测角位移的仪表，即读数时，均需调节水准泡居中位置。要求它的最小分度值不大于5”，这是因为一般结构构件在荷载作用下的截面转角均很小，要求仪表有较高的灵敏度。

2.电测式位移计

（1）电测式位移计：电测式位移计称位移传感器，它将被测位移通过传感器中的敏感元件转变为电量或电参量的变化，而后再用量电仪表测量这些电量或电参量并反演为位移值。根据转变成电量或电参量的类型不同，有滑线电阻式，应变式、交直流差动变压器式、磁栅式等数种。电子百分表（机电百分表）是应变式位移传感器的一种，应变式位移传感器实际上也是电阻式的传感器，但它是一种更间接的转换，即先将位移转变为弹性元件的应变，通过电阻应变计又将应变转变为电阻变化。位移传感器具有分辨力高、多种量程、远距离测读、自动记录等功能，在结构性能检验中被广泛采用。

（2）位移传感器的灵敏度：位移传感器的灵敏度通常用单位激励电压下位移满量程时的输出信号电压值表示，也有用额定激励电压下单位位移时的输出信号电压值表示。

（3）测量系统的配置：位移传感器一般不能独立完成位移的量测工作，除了需配备合适的激励电源外，还需配备适当的量电仪表---指示仪表。指示仪表的类型应根据传感器的原理和它的输出特性来选择。例如对于直流差动变压器式，可采用数字电压表，应变式则可采用电阻应变仪等。对于指示仪表的要求，规定一是最小分度值不应大于被测总位移的1.0%，目的是使整个量测系统有一定的分辨力，且有利于绘制试验曲线；二是它的示值误差应在±1.0% F·S满量程）以内，保证必要的量测准确度。

在配置用位移传感器量测位移的测量系统时，要切实地解决好两个问题，一是正确选择位移传感器的量程，指标仪表的分辨力、量程，因为这些仪表的误差均用满量程百分比表示的，当实测位移较小时，使用大量程的位移传感器或指示仪表，势必造成较大的量测误差。通常要求量测误差不大于5%，则至少应在正常使用检验荷载下的量测误差能满足这个要求；二是要注意系统各部间的匹配关系，否则传感器的一些技术指标是不能保证的。例如差动变压器式位移传感器的荷载阻抗需满足检验证书的规定值，否则上述灵敏系数S_1（S_2）将偏离原来的检定值，线性范围变小，误差增大。一个补救办法是重新对整个量测系统作直接标定，确定整个系统的灵敏度。

（二）应变量测仪表

允许使用的应变量测仪表也可划分为两类，一是机械式，二是电测式，介绍如下。

1.机械式应变量测仪表

专门用于应变量测的机械式应变计以双杠杆应变计为代表，但由于它灵敏度较低，量程小，安装不方便，目前已很少使用。尽管如此，由于它可直接标定，故仪表的准确度高，在钢筋的弹性模量试验中仍被使用。

目前在混凝土结构性能检验中广泛使用的机械式应变计是用位移计作指示仪表的应变测量装量，其中包括专用的手持式应变仪。这种应变量测装置适用于量测一个较大标距内的平均应变，它能横跨数条裂缝而不影响平均应变的量测。因此，它可量测试件临近破坏时的极限应变，验证平截面假定等。

用位移计作指示仪表的应变量测装置按其安装方法不同，可分为接触式和附着式两种。手持式应变仪是一种接触式仪器，在试件表面事先粘贴两脚标，读数时将仪器的两测针安紧在两脚标的小孔中，从位移计上读出两脚标间的距离变化，再求应变。接触式仪器的优点是简便，多点应变共用一台仪器，但量测结果中的偶然误差较大（即读数的重复性差），只能在测量量级较大的应变时使用，或需较长时间观测，试件本身又不能长期定位，如监测预应力构件的预应力损失过程等场合下使用。

2.应变量测的电测仪器

（1）电阻应变仪：电阻应变仪是目前量测应变的主要仪器，灵敏度高，量程大，标距小，自动化程度高是它的最大特点。主要用于量测钢筋和发生裂缝前的混凝土应变，也可作为各种应变式传感器，如应变式位移传感器，负荷传感器等的指示仪表。

在电阻应变量测系统中，电阻应变计（片）是一种应变传感器，而电阻应变仪本身是它的指示仪表。电阻应变计是将试件的应变转变为应变计的电阻变化，因此，这个转变的质量对应变量测结果的准确性具有重要影响。

电阻应变计是一种不能重复使用的传感器，因此，它的各项工作特性指标的确定除它的电阻值以外，由抽样检验决定。不同项目的抽样率也不同，如灵敏系数的抽样率为1%，不少于6片，也不多于40片。显然表中数字为平均值，有些还具有统计意义，如灵敏系数分散率的保证率为95%。

（2）电阻应变仪的工作特性：正确理解应变计的工作特性含义，能降低应变量测误差，现作如下简要介绍。①电阻应变计阻值：电阻应变仪的测量桥路输出灵敏度常与使用的应变计电阻值有关，目前国内外电阻应变计大部分以应变计阻值120Ω为标准来设计，使用其他阻值的应变计时，有时对其输出灵敏度要进行修正。为了便于这种修正，应变计阻值需要系列化，我国规定阻值为60，120，200，250，350，500，1000（Ω）等数种。电阻应变仪按这些阻值给出相应的修正值，若实际使用的应变计阻值偏离这些标准值过大，修正值就无法取准。电阻应变仪的调平范围是有限的，这就要求同一标准阻值的应变计的实际阻值彼此不能相差过大，否则会影响仪器的量程，甚至无法调平和读数。对于C级应变计，如阻值允许偏差为±0.4%，则原始的不平衡量有可能达到±4000με左右，因此阻值在这方面的偏差也需要限制。②应变计的灵敏系数：由抽样结果的平均值决定，这个平均值就作为被抽样批的每一片应变计的灵敏系数。实际上，每片应变计的实际灵敏系数和这个平均值总有一定偏差，这个偏差是构成电阻应变量测误差的主要部分。要注意的是每一个应变计的灵敏系数尽管是随机取值（在一定范围内），但在实际应变量测工作中，由于该因素造成的量测误差是一种未知方向、未知大小的恒定系统误差，即对于一个测量结果总是偏大或偏小，它不可能用增加测量次数的办法来提高测量精度。③应变计的机械滞后：是指已粘贴好的应变计，在恒定温度条件下，试件加卸荷载至同一应力水平时读出应变之间的差异。实践表明，这个差别在第一次加卸载循环中最严重，随着加卸载循环次数的增加而减少并趋于稳定。④应变计的蠕变：是指已粘贴好的应变计，在恒温恒载条件下，读出应变随时间的变化。应变计的这一特性常常给检验试件在持续荷载下的应变发展规律（徐变）带来很大困难，使用高等级的应变计将有益于降低这一因素带来的误差。⑤应变计的极限应变：是指已粘贴好的应变计，在常温条件能测量的最大应变，且误差不超过某一限值（如10%）。⑥应变计的横向效应系数：是指垂直于应变计标距方向的应变对应变计灵敏系数的影响，应变计的这一性能，导致它在平面应力场中任一方向粘贴的同一批应变计具有不同的灵敏系数。于横向效应的存在，当应变计用于与钢材泊桑比不同的材料上测量应变时，或应变计标距方向不与应力方向一致时，或在双向应力场中，它的灵敏系数将不同于上述标定值，横向效应系数愈大，差别越大。一个实际例子是用具有较大横向效应系数的应变计，如按上述灵敏系数去测量混凝土泊桑比或者钢材泊桑比，将会带来不能容许的误差。因此，对于平面应力场，或单向应力场中拟测量非主应力方向的应变时，应取用横向效应系数较小的A级或B级应变计。⑦电阻应变仪的稳定性：是指连续开机情况下仪器零位的变动和读数变化量相对于满量程的偏差。这种示值变动需和量测系统和温度补偿不完善分开，如温度补偿不完善使电阻应变计.连接导线等受温度变化引起读数变动，而零位变动是由于仪器内部电子元件参数的微小变动引起的，实际上任何一种电子仪器，都有类似问题。

电压和外界磁场、温度变化等因素引起的读值变动误差，是反映仪器抗干扰能力，对使用环境的适应能力，这一误差越小，表明仪器的抗干扰能力越强，环境适应性越好。

（3）动态应变仪及其误差：当某些特殊的结构性能试验，需要直接绘制荷载–变形曲线时，需要用动态应变仪。动态应变仪的误差除上各项误差外，较重要的误差还有线性误差、标定误差和衰减误差等几种。线性误差是衡量仪器放大器优劣的指标，衡量放大器输出信号电压或电流与应变关系呈线性的情况。动应变的量测方法大多数采用按记录纸上的幅值比来确定，即根据记录纸上被测动应变幅值和“标准”应变幅值比较而确定。因此，动态电阻应变仪一般总有内标定装置，产生“标准”应变的装置。这个“标准”应变和标准器发出的标准应变之间的差即为标定误差。衰减误差是指应变仪放大率调节钮的误差。在实际使用中，如上述内标定装置准确，使用过程中又不改变仪器放大率，则这个误差并不十分重要，这是因为量测系统的标定工作总是在选定放大率的情况下进行的。

（三）力值量测仪表

量测荷载，支座反力或构件间的相互作用力的仪表称为力值量测仪表。力值量测仪表按其原理分，也可分为机械式和电测式两大类。

1.机械式力值量测仪表

机械式力值量测仪表俗称测力计，如拉力测力计（拉力表），压力测力计。它们大多利用弹性元件力和变形成线性关系原理制成。测力计有标准测力计和工作测力计之分，前者用于标定工作测力计，后者则用于日常的力值量测，故结构性能检验中使用的测力计是工作测力计。规定这类测力计的最小分度值不大于2%F.S（满量程），误差不大于±1.5%。对于量程的要求则取决于具体的检验对象，一般要求最大被量测值不大于0.8倍的所用仪器量程。

2.电测式力值量测仪表

俗称电子测力计，电子称。根据变换成电量或电参量的参数不同，可分为压磁式、压电式、振弦式和最常见的应变式等数种。应变式的原理实际上和机械式相似，也是利用弹性元件力和应变成线性关系的原理制成，但它用电阻应变计来测量应变。电子测力计亦由两部分组成，即负荷传感器和指示仪表。

（四）其他量测仪表

在混凝土结构的结构性能检验中，除用上述三种仪表外，尚有观测裂缝宽度的仪表，在需要自动绘制试验曲线时，还需如X–Y函数记录仪等记录仪表。

1.测量裂缝宽度的仪表

测量裂缝宽度的仪表主要是刻度放大镜（又称读数显微镜），通常有10～20倍的放大率。要求这类仪表的最小分度值不大于0.05mm。如J_e–10型读数显微镜为0.01mm完全能满足要求。在结构构件的某些部位，使用上述仪表实际上无法测读裂缝宽度，此时，作为一种非标准方法，可使用特制的裂缝卡，在放大镜下通过比较来估计裂缝宽度，有经验的工作人员利用这种方法估计的裂缝宽度误差，也能满足工程要求。

2.X–Y函数记录仪.

X–Y函数记录仪，按国家专业标准要求，有许多技术指标，并按这些指标将其划分为0.1，0.25，0.5，1.0四级。规定允许使用1.0级以上的记录仪表，即误差为±1%。事实上，使用这类仪表大部分采用直接标定法确定试验曲线的坐标值，因此仪器的线性是十分重要的，以免图形失真或需做复杂的曲线修正工作。

五、试验装置和加载设备

结构性能检验与其他工业产品检验不同之一，是需要按被检对象（试件）的实际情况配置试验装置和加载设备，而这些装置和设备又常常不是现成的产品，需要检验人员自行设计加工。

（一）试验装置

试验装置是指传递试验荷载、支承试件，并保证它们在试验过程中能正常工作的装置。

1.试验装置设计和配置应满足的要求

（1）应使试件的跨度或计算高度、剪跨比、支承方式、支撑条件和受力状态等满足该结构构件的设计计算简图要求，并能保证整个试验过程中保持不变。

（2）试验装置本身不应分担试件应承受的试验荷载，也不能阻碍试件变形的自由发展。

（3）试验装置应有足够的刚度，稳定性，在最大试验荷载作用下，应有足够的安全储备。试验装置应有足够的刚度，它不仅是保证试验顺利进行所必要，而且许多试验表明，试验装置的刚度对试件的破坏形态有明显影响。对于刚度差的试验装置，在加载过程中，由于它产生较大变形而积蓄大量变形能，在试件临近破坏时，随着试件抗力的下降，会快速地释放出来，使试件受到很大的冲击作用，导致试件的塑性变形不能充分发展而迅速破坏，形成明显的脆性破坏特征，歪曲了试件原有的静力结构性能。

试验装置要有可靠的稳定性。试验装置的稳定性是指试验过程中装置本身的稳定情况，不能倾覆、倒塌。在跨度很大的梁、桁架试验中，常因稳定性不足发生事故，导致试验中断，甚至发生人身事故。

试验装置本身的强度应通过承载力（包括稳定）验算决定，要确保在最大试验荷载作用下安全工作。对于一次性使用的试验装置，承载力验算时应取1.5倍最大试验荷载作为荷载设计值，并应遵守现行设计规范的有关条文规定进行验算。对于重复使用的工具式试验装置，还应进行疲劳验算，尤其应注意焊接等所造成的各种缺陷影响。

2.常用试验装置

对于一般结构构件检验，主要有如下几类试验装置。

（1）支承装置正确地配置试件的支承（支座）装置，是建立符合试验对象计算简图要求的边界条件和受力状态的重要因素。

除有特殊要求外，各种试件应按下列要求配置支承装置。

①单跨简支构件：如梁，板等构件和连续梁支座除一端支座为固定铰支座外，其余均为滚动铰支座。各支座轴线间的距离为试件的试验跨度，并应和构件设计时的计算跨度一致；但当检验斜截面抗剪承载力时，其试验跨度可取梁的净距，即实际梁两支座里侧之间的距离，以保证梁原有的锚固长度。对于已建结构的支座可不作上述处理，但应消除支座处的嵌固因素。

②滚动铰支座和固定铰支座：可分滚轴式和刀口式两种。支座长度不应小于试件支承处的宽度，上垫板宽度应与试件的设计支承长度一致，垫板厚度由计算决定，计算方法可按弹性地基上的板取用。

它将抵消跨中试验荷载产生的正弯矩，起卸载作用；对于屋架等试验，它将直接降低端节间的下弦杆拉力。因此，支座滚轴直径除应满足强度条件外，应有足够大的直径，以减少滚动摩擦力作用。施工现场若无钢滚轴，可用相应直径的灌以混凝土的钢管代替。刀口支座可用角钢替代。在荷载很大或该摩擦力可能对试验结果造成重大影响时，应用聚四氟乙烯塑料滚轴作滚动铰支座。

安装支座时，各支座轴线应彼此平行，并垂于试件的纵轴线。

嵌固支座的上述处理，原因在于假设嵌固端（如墙体）处于弹性工作阶段，其抵抗弯矩由上下两个呈三角形分布的支反力提供。

③四角和四边支承板：目的是使试验板在两个方向上能自由变形，为减少滚动摩擦力，滚珠、滚轴直径也不应小于50mm。四边支承板的滚珠间距一般应取试件支承处板厚的3–5倍，以防止板边出现横向裂缝。

④柱和墙板类构件的试验：为使其受力状态和计算简图一致，施加荷载的构件两端，亦应设置适当的刀口或球铲，其原则为：在压力试验机上做短柱轴心受压强度试验时，若试验机的上、下压板之一已有球铰，则短轴两端可不增设刀口或球铰。因为此时，试件不发生横向挠曲变形。试验球铰仅起“找平”作用，以弥补柱构件两端实际存在的不平行度。

（2）支墩和试验台座：试件支座下的支墩和试验台座应有足够的强度和刚度，尤其是施工现场做结构性能检验时的支墩和地基，它们在试验荷载作用下如出现过大的压缩变形，将影响到试件各种位移值的量测精度，通常要求它们的总压缩量不超过试件使用状态检验荷载下的最大挠度值的10%。对于连续梁、连续板、四角支承板或四边支承板等需要两个以上支墩时，各支墩和地基的刚度应保持一致，避免支座沉降不均而使试件产生附加变形，改变受力状态。

支墩高度的选择应便于仪表安装v测读、观察裂缝和方便加卸载，通常为400～600mm。单向简支构件试验时，应使两铰支座的高差符合设计简图要求（通常为同一水平面），其偏差不宜大于试验构件跨度的1/200，双向板的支座在两个跨度方向上的高差和偏差也应满足上述要求。对于连续梁、连续板的中间支座，支墩宜采用可调高度的结构，并用力值量测仪器按它们的支反力大小调节支墩高度。

（3）试验荷载传递装置：加载设备需要通过某些装置将荷载传递到试件的受荷点或受荷面上，其基本要求就是准确且无副作用，根据不同加载设备和要求而确定试验荷载布置形式，应注意如下几点。

①当采用重物的重力作均布试验荷载时，为避免重物的内拱作用而使实际荷

载量减少，重物应在试件受荷面上分堆堆放。对于单向板试验，每堆重物的长度不大于试件跨度的1/6，对于跨度较小的板，如4m或4m以下，每堆长度不应大于跨度的1/4；堆间应留50～150mm的间隙，防止试件产生挠度后，堆顶相碰而再次发生拱作用。

若采用散粒材料的重力作均布试验荷载，则应将它们装袋或装箱。装袋后的处理类同块状重物。如装箱，箱应无底，且沿试件跨度方向的箱数不应小于两个。

对于双向板，用重物或散粒材料作均布试验荷载时，则在试件的两个方向上均应满足上述要求。

②采用分配梁传递集中力试验荷载时，分配梁应为简支单跨形式，其支座一端为固定铰支座，另一端为滚动铰支座。分配梁不能为多跨连续梁的形式，这是因为连续梁的支反力和各支座的刚度有关。

单跨简支形式的分配梁可将一个集中力分为两个集中力试验荷载，它们的数值即是分配梁的两个支座反力，这两个支反力的比称为分配比例。为了使分配比例准确，这个比例不宜大于4：1。因为分配梁的长度一般较短，比例过大，势必造成一端的长度很短，安装稍有偏差，分配比例将会有很大变化。另需注意的是在分配比例较大的情况下，安装分配梁时要注意滚动铰支座的设置位置。

当需要将一个集中力荷载分为两个以上的集中力试验荷载时，可采用二、三层重叠设置的分配梁，但层数不宜过多，一般不宜超过三层，否则稳定性差，易翻倒，传递荷载的误差也会增大。

③当需用卧梁形式将集中力荷载转变为均布线荷载至试件截面上时，卧梁应有足够的刚度。卧梁的抗弯刚度将直接影响卧梁下部的压应力分布的均匀性。显然，当卧梁刚度较小时，集中力下的压力将很大，距集中力愈远，压力愈小，造成受力不均匀。卧梁刚度愈大，压力愈均匀。

值得指出的是，卧梁传递均布线荷载的适用条件，上述墙板在试验过程中，在它的宽度方向不存在弯曲变形，轴压或偏压仅有纵向变形，有些构件在实际工作中，存在这种弯曲变形，例如墙梁的工作。做墙梁试验时也要求沿截面宽度方向施加均布线荷载，但墙梁在工作时沿截面宽度（墙梁的跨度）存在弯曲变形，如果也使用卧梁传递，则卧梁将与墙梁同时承受荷载产生的弯矩，这是不允许的。它的正确做法应用间距较密的集中力直接加载，不能用卧梁传力。

④采用千斤顶等加载设备对梁、屋架等构件施加集中力荷载时，传递荷载的装置不应影响这些构件在跨度方向的自由变形。梁试验时，上部纤维受压，下部纤维受拉，因此从宏观来看，梁的上部纵向有缩短的倾向，下部有伸长的倾向，荷载传递装置不能影响这种变形的自由发展。

⑤当试件同时承受两个不同方向的荷载作用时，传递荷载的装置不应彼此影响它们的变形自由发展。例如混凝土剪力墙板试验，需要垂向施加荷载，产生正应力，又需要施加水平剪力，以产生剪应力。如若剪力墙沿高度方向的材质和结构是均匀的，则在垂直荷载和水平剪力作用下，墙板的上下边始终保持平行，即墙板上端截面无转角。试验装置的设计应满足试件的这种变形条件，垂向变形和剪变形均不应受试验装置的限制。

集中力试验荷载作用点下的试件表面应设足够厚的钢垫板，防止混凝土因局压面破坏。钢垫板的面积应由混凝土局压强度决定，厚度按弹性地基上的板计算决定。

（4）其他辅助装置：结构构件是整体结构的一个元件，它和周围的结构或构件有一定的联系，在单独地对构件进行性能试验时，除支座条件被模拟外，其他联系常被割断了。如果这些被割断的联系并不影响其结构性能，自然可不予考虑。但对有些构件，这种联系往往是至关重要的，它在构件设计时尽管没有其相应的物理量参与计算，但它的计算简图的建立却已考虑到这些联系的存在，否则构件就不能发挥其正常功能。在这种情况下，单独对构件进行性能试验，需要设辅助装置，以提供构件能正常工作的条件。实际检验工作中，大致要考虑下列两类情况。

①要考虑在试验过程中试件作为刚体而发生整体倾覆的可能性，或结构构件在非受力平面内的稳定。

例如，屋架、高跨比较大的薄腹梁等一类平面结构，保证其整体不倾覆和上弦压杆在非受力平面内的稳定。对于这一类构件的试验，应设置辅助试验装置，保证其正常工作。通常用支撑来解决，支撑本身应强大，其间距原则上和它们实际工作时的支撑间距相同，但只能比实际大而不能小。支撑间距大一点，可简化装置，节省费用，最大允许间距应由验算决定，原则是必须保证受力平面外不发生稳定问题。支撑间距不能比实际支撑间距小的另一个原因是避免掩盖结构实际工作中可能存在的设计缺陷。支撑设置位置，对于桁架、于原支撑点处设置；对称结构，支撑应对称设置。

②要考虑某些薄壁混凝土构件在单独进行试验时，它的截面几何形状可能变化如V型大瓦的情况。这种大瓦在实际工作中彼此紧靠，屋顶两端部又有边缘构件限制，在实际荷载作用下，两翼缘不会下塌，始终保持原有角度。但在做构件试验时，如翼缘无支撑，可以造成两翼下塌而破坏的现象。因此对于这种情况应设置特殊卡具，避免发生翼缘下塌的现象。

（二）加载设备

对试件施加荷载作用的设备称加载设备，对加载设备的最基本要求是它产生的荷载量要准确。要求荷载量相对误差不大于 ± 3.0%；对于现场试验，考虑到试验条件，可放宽到 ± 5.0%。第二个要求是荷载量稳定，不能随时间而变化。例如，对于吸水性重物作荷载，应有防止含水量发生变化的措施。第三个要求是加卸载设备使用方便。

第二节　回弹法检测混凝土强度

一、回弹法的基本知识

（一）回弹法的简介

混凝土表面硬度与混凝土极限强度之间存在一定关系，物件的弹击重锤被一定弹力打击在混凝土表面上，其回弹高度和混凝土表面硬度存在一定关系。回弹法是用回弹仪弹击混凝土表面，并测出重锤被反弹回来的距离，以回弹值（即反弹距离与弹簧初始长度之比）作为与强度相关的指标来推定混凝土强度的一种方法。由于这种测量是在混凝土表面进行，所以应属于一种表面硬度法，是基于混凝土表面硬度和强度之间存在相关性而建立的一种检测方法。目前，回弹法也是国内应用最为广泛的结构混凝土抗压强度检测方法。但回弹法适用于普通混凝土抗压强度的检测，不适用于表层与内部质量有明显差异或内部存在缺陷的混凝土结构或构件的检测。

回弹法也具有其不可避免的缺点：不适用于表层与内部质量有明显差异或内部存在缺陷的混凝土结构或构件的检测；受水泥品种、集料粗细、集料粒径、配合比、混凝土碳化、龄期、模板、泵送、高强等诸多因素的影响，精度相对较低。

（二）回弹仪

（1）回弹仪的工作原理：回弹仪的基本原理是用弹簧驱动重锤，重锤以恒定的动能撞击与混凝土表面垂直接触的弹击杆，使局部混凝土发生变形并吸收一部分能量，另一部分能量转化为重锤的反弹动能，当反弹动能全部转化成势能时，重锤反弹达到最大距离，仪器将重锤的最大反弹距离以回弹值（最大反弹距离与弹簧初始长度之比）的名义显示出来。

回弹仪具有以下特点：轻便、灵活、价廉、不需电源、易掌握、按钮采用拉伸工艺不易脱落、指针易于调节摩擦力，是适合现场使用的无损检测的首选仪器。

（2）影响回弹仪检测性能的主要因素：①机芯主要零件的装配尺寸；②主要零件的质量；③机芯装配质量。

（3）仪器的检定。

①回弹仪检定周期为半年。当回弹仪具有下列情况之一时，应由法定计量检定机构按行业标准进行检定：a.新回弹仪启用前；b.超过检定有效期限；c.数字式回弹仪数字显示的回弹值与指针值读示值相差大于1；d.经保养后，钢砧率定值不合格；e.遭受严重撞击或其他损害。

②回弹仪的率定试验应符合下列规定：率定试验宜在干燥、室温为5℃～35℃的条件下进行；钢砧表面应干燥、清洁，并应稳固地平放在刚度大的物体上；回弹值取连续向下弹击三次的稳定回弹结果的平均值；率定试验应分四个方向进行，且每个方向弹击前，弹击杆旋转90°，每个方向的回弹平均值应为80±2。

③回弹仪率定试验所用的钢砧应每两年送授权计量检定机构检定或校准。

（4）回弹仪的保养：①当回弹仪存在下列情况之一时应进行保养：弹击超

过2000次；在钢砧上的率定值不合格；对检测值有怀疑时。②回弹仪的保养应按下列步骤进行：先将弹击锤脱钩，取出机芯，然后卸下弹击杆，取出里面的缓冲压簧，并取出弹击锤、弹击拉簧和拉簧座。清洁机芯各零部件，并应重点清洗中心导杆、弹击锤和弹击杆的内孔和冲击面。清洗后，应在中心导杆上薄薄涂抹钟表油，其他零部件均不得抹油。清理机壳内壁，卸下刻度尺，检查指针，其摩擦力应为0.5～0.8N。对于数字回弹仪，还应按产品要求的维护程序进行维护。保养时不得旋转尾盖上已定位紧固的调零螺丝；不得自制或更换零部件。保养后应进行率定试验。

回弹仪使用完毕后，应使弹击杆伸出机壳，并应清除弹击杆、杆前端球面以及刻度尺表面和外壳上的污垢、尘土。回弹仪不用时，应将弹击杆压入机壳内，经弹击后按下按钮锁住机芯，然后装入仪器箱。仪器箱平放在干燥阴凉处。当数字式回弹仪长期不用时，应取出电池。

二、回弹法检测混凝土强度的影响因素

采用回弹仪测定混凝土抗压强度就是根据混凝土硬化后其表面硬度（主要是混凝土内砂浆部分的硬度）与抗压强度之间的相关关系进行的。通常，影响混凝土的抗压强度与回弹值的因素很多，有些因素只对其中一项有影响，而对另一项不产生影响或影响甚微。弄清有哪些影响因素以及这些影响因素的作用和影响程度，对正确制订及选择测强曲线、提高测试精度是非常重要的。

主要的影响因素有以下几种：

（一）原材料

混凝土抗压强度大小主要取决于其中的水泥砂浆的强度、粗集料的强度及二者的黏结力。混凝土的表面硬度除主要与水泥砂浆强度有关外，一般和粗集料与砂浆的黏结力以及混凝土内部性能关系并不明显。

（1）水泥。当碳化深度为零或同一碳化深度下，用普通硅酸盐水泥、矿渣硅酸盐水泥及粉煤灰硅酸盐水泥的混凝土抗压强度与回弹值之间的基本规律相同，对测强曲线没有明显差别。自然养护条件下的长龄期试块，在相同强度条件下，已经碳化的试块回弹值高，龄期越长，此现象越明显。

（2）细集料。普通混凝土用细集料的品种和粒径，只要符合规定，对回弹

法测强没有显著影响。

（3）粗集料。粗集料的影响，至今看法不统一，有的认为不同石子品种、粒径及产地对回弹法测强有一定影响，有的认为影响不大，认为分别建立曲线未必能提高测试精度。

（二）成型方法

只要成型后的混凝土基本密实，手工插捣和机振对回弹测强无显著影响。但对一些采用离心法、真空法、压浆法、喷射法和混凝土表层经过各种物理、化学方法处理成型的混凝土，应慎重使用回弹法的统一测强曲线，必须经过试验验证后方可使用。

（三）养护方法

标准养护与自然养护的混凝土含水率不同，强度发展不同，表面硬度也不同，尤其在早期，差异更明显。国内外资料都主张标准养护与自然养护的混凝土应有各自不同的校准曲线。蒸汽养护使混凝土早期速度增长较快，但表面硬度也随之增长，若排除混凝土表面湿度、碳化等因素的影响，则蒸汽养护混凝土的测强曲线与自然养护混凝土基本一致。

（四）湿度

湿度对回弹法测强有较大的影响。试验表明，湿度对于低强度混凝土影响较大，随着强度的增长，湿度的影响逐渐减小，对于龄期较短的较高强度的混凝土的影响已不明显。

（五）碳化

水泥经水化就游离出大约35%的$Ca(OH)_2$，混凝土表面受到空气中CO_2的影响，逐渐生成硬度较高的$CaCO_3$，这就是混凝土的碳化现象，它对回弹法测强有显著影响。随着硬化龄期的增长，混凝土表面一旦产生碳化现象后，其表面硬度逐渐增高，使回弹值与强度的增加速率不等。对于三年内不同强度的混凝土，虽然回弹值随着碳化深度的增大而增大，但当碳化深度达到某一数值如等于6mm时，这种影响基本不再增长。

（六）模板

使用吸水性模板会改变混凝土表层的水胶比，使混凝土表面硬度增大，但对混凝土强度并无显著影响。

（七）其他

混凝土分层泌水现象使一般构件底边石子较多，回弹读数偏高；表层泌水，水胶比略大，面层疏松，回弹值偏低。

钢筋对回弹值的影响视混凝土保护层厚度、钢筋直径及其密集程度而定。

除以上所列影响因素以外，测试时的大气温度、构件的曲率半径、厚度和刚度以及测试技术等对回弹也有不同程度的影响。

三、回弹法测强曲线

（一）测强曲线的分类

测强曲线是指混凝土的抗压强度数值。一般规定，测强曲线可以分为以下三种类型：

（1）统一测强曲线：由全国有代表性的材料、成型养护工艺配制的混凝土试件，通过试验所建立的曲线。此测强曲线适用于以下条件：①普通混凝土采用的水泥、砂石、外加剂、掺和料、拌合用水符合现行国家有关标准；②采用普通成型工艺；③采用符合现行国家标准的模板；④蒸汽养护出池后经自然养护7d以上，且混凝土表层为干燥状态；⑤自然养护龄期为14～1000d；⑥抗压强度为10～60MPa。

（2）地区测强曲线：由本地区常用的材料、成型养护工艺配制的混凝土试件，通过试验所建立的测强曲线。

（3）专用测强曲线：由与结构或构件混凝土相同的材料、成型养护工艺配制的混凝土试件，通过试验所建立的测强曲线。

地区和专用测强曲线只能在制定曲线时的条件范围内使用，如龄期、原材料、外加剂、强度区间等，不允许超出该使用范围。

（二）各类测强曲线的误差值规定

（1）统一测强曲线的强度误差值应符合下列规定：

①平均相对误差不应大于±15.0%；

②相对标准差不应大于18.0%。

（2）地区测强曲线的强度误差值应符合下列规定：地区测强曲线：平均相对误差不应大于±14.0%；相对标准差不应大于17.0%。

（3）专用测强曲线的强度误差值应符合下列规定：平均相对误差不应大于±12.0%；相对标准差不应大于14.0%。

（三）测强曲线的选用原则

对有条件的地区和部门，应制定本地区的测强曲线或专用测强曲线，经上级主管部门组织审定和批准后实施。

各检测单位应按专用测强曲线、地区测强曲线、统一测强曲线的次序选用测强曲线。

四、检测技术及数据处理

（一）检测技术的一般规定

采用回弹仪检测混凝土强度时应具有下列资料：工程名称、设计单位、施工单位；构件名称、数量及混凝土类型（是否泵送）、强度等级；水泥安定性，外加剂、掺合料品种；混凝土配合比；施工模板、混凝土浇筑、养护情况及浇筑日期；必要的设计图纸和施工记录；检测原因等。

回弹仪在工程检测前后，应在钢砧上做率定试验，并应符合要求，率定值为80±2。

（二）检测类别

（1）单个检测。对于一般构件，测区数不宜少于10个，相邻两测区的间距不应大于2m测区面积不宜小于0.04m^2，且应选在能够使回弹仪处于水平方向的混凝土浇筑侧面。

（2）批量检测。对于混凝土生产工艺、强度等级、原材料、配合比、养护条件一致且龄期相近的一批同类构件的检测应采用批量检测。按批量进行检测时，应随机抽取，抽检数量不宜少于同批构件总数的30%且构件数量不宜少于10件。当检验批构件数量大于30个时，抽样构件数量可适当调整，但不得少于国家现行有关标准规定的最少抽样数量。

（三）测量回弹值

测量回弹值时，回弹仪的轴线应始终垂直于混凝土检测面，并应缓慢施压，准确读数，快速复位。

检测泵送混凝土强度时，测区应选在混凝土浇筑侧面。

每一测区应读取16个回弹值，每一测点’的回弹值读数都应精确到1。测定宜在测区范围内均匀分布，相邻两测点的净距离不宜小于20mm；测点距外露钢筋、预埋件的距离不宜小于30mm；测点不应在气孔或外露石子上，同一测点应只弹击一次。

（四）测量碳化深度值

回弹值测量完毕后，应在有代表性的位置上测量碳化深度值，测点数不应少于构件测区数的30%，应取其平均值为该构件每测区的碳化深度值。当碳化深度值极差大于2.0mm时，应在每一测区测量碳化深度值。

测量碳化深度值应符合下列规定：

（1）可采用工具在测区表面形成直径约15mm的孔洞，其深度应大于混凝土的碳化深度。

（2）应清除孔洞中的粉末和碎屑，且不得用水擦洗。

（3）应采用浓度为1%～2%的酚酞酒精溶液滴在孔洞内壁的边缘处，当已碳化与未碳化界线清楚时，应采用碳化深度测量仪测量已碳化与未碳化混凝土交界面到混凝土表面的垂直距离，并应测量三次，每次读数精确至0.25mm。

（4）应将三次测量的平均值作为检测结果，并应精确至0.5mm。

（五）泵送混凝土

在旧标准中泵送混凝土是在非泵送混凝土强度换算的基础上加上泵送修正得到泵送混凝土强度值。

由于泵送混凝土在原材料、配合比、搅拌、运输、浇筑、振捣、养护等环节与传统的混凝土有很大的区别，为了适用于混凝土技术的发展，提高回弹法检测的精度，新标准把泵送混凝土进行单独回归。

参考文献

[1]袁志广，袁国清.建筑工程项目管理[M].成都：电子科学技术大学出版社，2020.

[2]姚亚锋，张蓓.建筑工程项目管理[M].北京：北京理工大学出版社，2020.

[3]肖凯成，郭晓东，杨波.建筑工程项目管理[M].北京：北京理工大学出版社，2019.

[4] 高云 . 建筑工程项目招标与合同管理 [M]. 石家庄：河北科学技术出版社，2021.

[5]王会恩，姬程飞，马文静.建筑工程项目管理[M].北京：北京工业大学出版社，2018.

[6]陆总兵.建筑工程项目管理的创新与优化研究[M].天津：天津科学技术出版社，2019.

[7]蒲娟，徐畅，刘雪敏.建筑工程施工与项目管理分析探索[M].长春：吉林科学技术出版社有限责任公司，2020.

[8]王成平，王远东.建筑材料与检测[M].北京：北京理工大学出版社有限责任公司，2021.

[9]连丽.建筑材料与检测[M].北京：北京理工大学出版社，2019.

[10]苑芳友.建筑材料与检测技术[M].3版.北京：北京理工大学出版社，2020.

[11]王从军丛书主编；公婷，侯杰主编.建筑材料应用与检测[M].哈尔滨：东北林业大学出版社，2019.

[12] 刘其贤 . 建筑工程材料检测使用指南 [M]. 济南：山东科学技术出版社，2021.

[13]吴蓁.建筑节能工程材料及检测[M].上海：同济大学出版社，2020.

[14]夏正兵，邱鹏.建筑工程材料与检测[M].南京：东南大学出版社，2021.